土木・環境系コアテキストシリーズ A-2

土木・環境系の数学
― 数学の基礎から計算・情報への応用 ―

堀　宗朗・市村　強

共著
▼

コロナ社

土木・環境系コアテキストシリーズ 編集委員会

編集委員長

Ph.D. 日下部 治 (東京工業大学)
〔C：地盤工学分野 担当〕

編 集 委 員

工学博士 依田 照彦 (早稲田大学)
〔B：土木材料・構造工学分野 担当〕

工学博士 道奥 康治 (神戸大学)
〔D：水工・水理学分野 担当〕

工学博士 小林 潔司 (京都大学)
〔E：土木計画学・交通工学分野 担当〕

工学博士 山本 和夫 (東京大学)
〔F：環境システム分野 担当〕

2011 年 3 月現在

刊行のことば

 このたび，新たに土木・環境系の教科書シリーズを刊行することになった。シリーズ名称は，必要不可欠な内容を含む標準的な大学の教科書作りを目指すとの編集方針を表現する意図で「土木・環境系コアテキストシリーズ」とした。本シリーズの読者対象は，我が国の大学の学部生レベルを想定しているが，高等専門学校における土木・環境系の専門教育にも使用していただけるものとなっている。

 本シリーズは，日本技術者教育認定機構（JABEE）の土木・環境系の認定基準を参考にして以下の6分野で構成され，学部教育カリキュラムを構成している科目をほぼ網羅できるように全29巻の刊行を予定している。

　　　A分野：共通・基礎科目分野
　　　B分野：土木材料・構造工学分野
　　　C分野：地盤工学分野
　　　D分野：水工・水理学分野
　　　E分野：土木計画学・交通工学分野
　　　F分野：環境システム分野

 なお，今後，土木・環境分野の技術や教育体系の変化に伴うご要望などに応えて書目を追加する場合もある。

 また，各教科書の構成内容および分量は，JABEE認定基準に沿って半期2単位，15週間の90分授業を想定し，自己学習支援のための演習問題も各章に配置している。

 従来の土木系教科書シリーズの教科書構成と比較すると，本シリーズは，A

刊行のことば

分野（共通・基礎科目分野）にJABEE認定基準にある技術者倫理や国際人英語等を加えて共通・基礎科目分野を充実させ，B分野（土木材料・構造工学分野），C分野（地盤工学分野），D分野（水工・水理学分野）の主要力学3分野の最近の学問的進展を反映させるとともに，地球環境時代に対応するためE分野（土木計画学・交通工学分野）およびF分野（環境システム分野）においては，社会システムも含めたシステム関連の新分野を大幅に充実させているのが特徴である。

科学技術分野の学問内容は，時代とともにつねに深化と拡大を遂げる。その深化と拡大する内容を，社会的要請を反映しつつ高等教育機関において一定期間内で効率的に教授するには，周期的に教育項目の取捨選択と教育順序の再構成，教育手法の改革が必要となり，それを可能とする良い教科書作りが必要となる。とは言え，教科書内容が短期間で変更を繰り返すことも教育現場を混乱させ望ましくはない。そこで本シリーズでは，各巻の基本となる内容はしっかりと押さえたうえで，将来的な方向性も見据えた執筆・編集方針とし，時流にあわせた発行を継続するため，教育・研究の第一線で現在活躍している新進気鋭の比較的若い先生方を執筆者としておもに選び，執筆をお願いしている。

「土木・環境系コアテキストシリーズ」が，多くの土木・環境系の学科で採用され，将来の社会基盤整備や環境にかかわる有為な人材育成に貢献できることを編集者一同願っている。

2011年2月

編集委員長　日下部　治

まえがき

　量子力学や相対論を代表とする近代物理の前の，連続体力学・電磁気学といった古典物理は，さまざまな数理の手法の発展を促し，一方，数理の理論の構築は，古典物理の新しい扱い方をもたらした．この物理と数理の蜜月ともいえる時代は，第3の研究手法である数値計算によって終焉した．コンピュータの発展とともに，それ以前は想像もできなかった数の物理の問題が，数理の手助けを直接借りることなく解けるようになったのである．

　現在，工学分野で数理が果たすべき役割は，物理を記述することと，物理と数値計算を橋渡しすることである．記述という役割は従来からあるが，橋渡しという役割は新しい．数値計算を正しく行い，結果を正しく解釈するために不可欠である．本書では，物理的な現象を数の世界に対応させるという観点に立って，この二つの役割を説明する．記述と橋渡しという役割は異なるものの，この観点に立てば，これらの二つの役割は，物理現象を数として表し，実際に計算できるようコンピュータに数を与える，ということで理解できる．

　コンピュータは，所詮，四則演算しかできない．物理現象を解釈することも理解することもけっしてできない．このようなコンピュータを利用するためにわれわれがすべきことは，物理現象を四則演算ができる数の世界に対応させ，そして実際に計算させるコードを書くことである．物理現象を数として記述し，実際に計算するために，コンピュータに数を与える，という数理の二つの役割はまさにこのためにある．

　本書は物理的な現象を数の世界に対応させるという観点に立つ．そこで，本書の構成もこの観点に従う．まず，ベクトル量と関数という古典物理の基本的

な対象が，まったく同じ方法を使うことで，数の空間に対応することを説明する。ベクトル量の拡張としてテンソル量，関数の高度な問題として微分方程式を説明する。つぎに，古典物理の問題をコンピュータを使って解く際に基本となる，マトリクス方程式と数値微分・数値積分を説明する。最後に，古典物理に関わる若干高度な内容を説明する。具体的には，安定・不安定，分岐，摂動，確率の四つである。それぞれ内容は異なるが，物理的な現象を数の世界に対応させるという共通の観点に立った説明を心がける。

2012年7月

著　者

目次

第I部 準備

1章 計測の観点からみた線形空間

1.1 計測　3
1.2 ベクトル量と関数の計測　4
1.3 線形空間と数の空間の同一視　5

2章 ベクトル量とベクトル

2.1 ベクトル量の復習　8
2.2 ベクトル量の線形空間と同一視される数の空間　9
2.3 線形空間の基底　11
2.4 ベクトル量の座標変換　12
2.5 線形作用素とマトリクス　14
演習問題　16

3章 関数とフーリエ級数展開

3.1 フーリエ級数展開の導入　18
3.2 線形空間の枠組みでみたフーリエ級数展開　20
3.3 フーリエ級数展開と微分作用素　22
演習問題　26

第 II 部　テンソル量

4 章　ベクトル量とテンソル量

4.1　計測の観点からみたベクトル量とテンソル量　*29*

4.2　ベクトル量とテンソル量の座標非依存性　*31*

5 章　テンソル量とテンソル

5.1　テンソル量に対応するテンソル　*36*

5.2　テンソルの座標変換　*37*

5.3　テンソル量の座標非依存性　*39*

5.4　ベクトル量の勾配とテンソル量の発散　*41*

演習問題　*44*

第 III 部　微分方程式

6 章　微分方程式の基礎

6.1　微分方程式の概要　*49*

6.2　微分方程式の解法　*50*

6.3　微分方程式の解の性質　*53*

6.4　微分方程式の拡張　*57*

演習問題　*60*

7 章　常微分方程式

7.1　関数の離散化　*62*

7.2　微分作用素の離散化　*65*

演習問題　*69*

8章 偏微分方程式

8.1 偏微分方程式の概要　71
8.2 フーリエ級数展開を使った偏微分方程式の解法　72
8.3 関数空間に基づく偏微分方程式の解法　74
8.4 グリーン関数　78
演習問題　79

第IV部　数値計算の話題

9章 マトリクス方程式の解法

9.1 1次のマトリクス方程式の解法　83
　9.1.1 直接法　83
　9.1.2 定常反復法　85
　9.1.3 非定常反復法　87
9.2 固有値問題の解法　90
演習問題　92

10章 数値微分と数値積分

10.1 数値微分　95
10.2 数値積分　97
　10.2.1 ニュートン-コーツ型数値積分　97
　10.2.2 ガウス-ルジャンドル型数値積分　98
　10.2.3 モンテカルロ型数値積分　101
演習問題　102

第 V 部　高度な話題

11章　安定・不安定

11.1　時間に関する微分方程式　107
11.2　一定値をとる解の安定・不安定　108
11.3　初期値問題の解の安定・不安定　113
演習問題　114

12章　分　　岐

12.1　解の唯一性　116
12.2　梁-柱の座屈問題　117
12.3　座屈問題の解の分岐　119
演習問題　122

13章　摂　　動

13.1　漸近展開　124
13.2　摂動展開　125
13.3　特異摂動展開　127
演習問題　131

14章　確　　率

14.1　ばらつきの評価の観点からみた確率　133
14.2　確率変数の組み　134
14.3　確率関数　140
演習問題　144

引用・参考文献　146
演習問題解答　148
索　　引　175

第I部

準 備

1章 計測の観点からみた線形空間

◆本章のテーマ

物理量には，さまざまなものがある。共通するのは計測できる点である。数理では，計測できる物理量を適当な線形空間の要素としてまったく同じように扱う。物理量を計測するという観点からみた，数理の概念である線形空間を説明する。

◆本章の構成（キーワード）

1.1 計測
　　　具体的な物理量，抽象的な数
1.2 ベクトル量と関数の計測
　　　スカラ量，ベクトル，関数，マトリクス
1.3 線形空間と数の空間の同一視
　　　線形空間，数の空間

◆本章を学ぶと以下の内容をマスターできます

☞ 計測できる量には線形性があること
☞ ベクトル量や関数の線形空間と数の空間は同一視できること

1.1　計　　　測

　土木工学・環境工学の基礎学問の一つである物理学は，計測できる量を対象とした学問である．計測とは，もちろん量を測ることである．計測する量は，長さや重さなど，物理次元の異なる量であり，異なる道具を使って測ることになる．長さを測るためには物差し，重さを測るためには秤を使う．しかし，計測の道具は異なるものの，いったん量を計測して得られた数に対しては，足し算やかけ算など，共通の処理を施すことができる．

　数の処理は，土木工学・環境工学の基礎学問の一つである数学で培われた方法である．暗算や筆算のように頭や紙と鉛筆を使う数の処理もあるが，電卓やコンピュータのような道具を使う場合もある．ここで注意しなければならない点は，量を計測するための道具は対象に応じて選ばなければならないものの，いったん量を計測して得られた数の処理は，特に道具を選ばないことである．電卓やコンピュータは，長さや重さの計測された量に対して共通で用いることができる．長さ用の電卓や重さ用のコンピュータというものはない．

　異なる道具で計測された物理量に対して共通の道具を使って数の処理を施せることは，当たり前といえば当たり前であるが，よく考えてみると単純ではない．じつは高度な抽象化が行われているのである．「$3\,\mathrm{m}$ の棒に $5\,\mathrm{m}$ の棒を足せば，棒の長さは $8\,\mathrm{m}$ になる」ということと，「桶にある $3\,\mathrm{kg}$ の水に $5\,\mathrm{kg}$ の水を足すと，$8\,\mathrm{kg}$ である」ということは，当然すぎるくらい当然であるが，じつは，実体のある物理量を，共通の数に変換する操作が陰で行われている．この数は，棒の長さや桶の水の重さのような物理量に対応しているだけで，実体はない．この意味で，実体のある物理量を具体的な量とすれば，数は抽象的な量と考えることができる．

　具体的な物理量を抽象的な数に換えて処理を施すことは，ピンとは来ないかもしれないが，計測の観点でみれば，じつは重要である．数の処理の結果はつねに正しいからである．$3\,\mathrm{m}$ の棒に $5\,\mathrm{m}$ の棒を足せば，その長さは $8\,\mathrm{m}$ なのである．再度，継ぎ足された棒を計測する必要はない．必要があるとすれば，そ

れはもとの棒が確かに 3 m と 5 m であることを確認するための計測である．重さも同様で，3 kg の水に 5 kg を加えれば，再度計測することなく，桶にある水は 8 kg なのである．

1.2　ベクトル量と関数の計測

　計測できる物理量には，長さや重さのようなスカラ量だけではなく，風速のようなベクトル量も含まれる．ベクトル量を計測すると，計測の結果として数のベクトルが得られる．一度ベクトル量である風速を計測して数のベクトルとしておけば，数の処理を施すことで，絶対に間違いのない予想をすることができる．なお，風速が物理量であることを強調するため，本書では「量」を付けて「ベクトル量」と称し，数のベクトルはそのまま**ベクトル**（vector）と称することにする．

　上記の区別は厳密すぎるかもしれない．実際，土木工学・環境工学の分野で，物理量であるベクトル量と数のベクトルを区別することは稀である．しかし，本書ではあえてこの区別を行う．区別はするが，計測によってベクトル量をベクトルに対応させることができるという考え方をする．計測の観点に立てば，この考え方は自然である．

　さて，同じベクトル量である風速に対しても，異なる人が計測すると結果は異なる．これは，計測する人は，おのおのの前後・左右という方向で風速の成分を測る場合を想定しているためである．前後・左右という計測者によって異なる方向を使う混乱を避けるため，通常は東西・南北という方向に成分を変換するが，風速の自然な測り方は計測者の前後・左右という方向である．

　計測できる物理量には，時間や空間によって変化する関数も含まれる．室温や風速のように時間変化する関数や，地価や物流のように空間変化する関数である．同じ関数という名前を使うが，計測できる関数は，多項式のような関数とは違い，計測して初めてわかる関数である．関数の計測結果はもちろん，数の組みであるベクトルとなるのである．本書では，この意味で，計測によって

関数をベクトルに対応させるという考え方をする．いったんベクトルに対応させれば，ベクトル量の場合と同様に，共通の数の処理を施すことができる．数の処理の結果，再度計測しなくとも，物理量を推測することができるのである．

ベクトル量と違い，関数に対しては，微分のような演算をすることがある．実際，土木工学・環境工学で使われる物理法則は，計測できる関数の微分方程式という形で表記されている．関数に対してベクトルが対応するように，関数の演算に対しても対応するものがある．微分であれなんであれ，関数の演算が線形であれば，それは関数に対応したベクトルに適当なマトリクスをかけることに対応する．線形の詳細な説明は後にするが，線形の演算に対しては，マトリクスが対応するのである．これは，じつは大きな意義を持つ．ベクトルとマトリクスの演算はコンピュータがきわめて得意とする演算なのである．例えば，著者がベクトルとマトリクスの積を計算する場合，筆算では2次元のベクトルと 2×2 のマトリクスの積の計算が限界である．3次元のベクトルと 3×3 のマトリクスの積の計算には電卓が必要である．しかし，コンピュータを使うと，100万を超える次元のベクトルとマトリクスの積も秒単位で計算できる．

1.3　線形空間と数の空間の同一視

本書では，計測できる物理量を要素とする集合を**線形空間**（linear space）と称する．例えば，棒の長さの線形空間 V とは，要素が棒の長さとなっている集合である．この線形空間に数の空間 R を対応させることが計測である．V と R を使って記述し直すと，つぎのようになる．V の二つの要素 a と b に対して長さを計測すると $3\,\mathrm{m}$ と $5\,\mathrm{m}$ である場合，a と b は R の要素 $x = 3$ と $y = 5$ に対応することになる．$z = x + y$ とすると $z = 8$ であるから，R の空間の z に対応する V の空間の要素 c は長さ $8\,\mathrm{m}$ である．すなわち，a と b を継ぎ足すと長さ $8\,\mathrm{m}$ の棒 c となるのである（図 **1.1** 参照）．

重要な点は，継ぎ足した棒の長さを再度計測する必要はないことである．線形空間の要素を数の空間の要素である数に対応させると，数の処理をするだけ

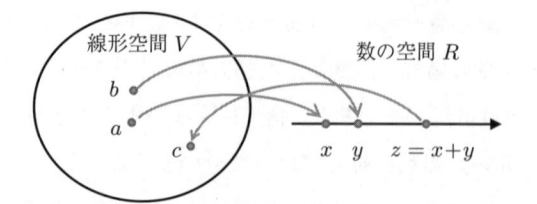

図 1.1 棒の線形空間 V と対応する数の空間 R

で，もとの線形空間での要素がわかる．そして，再計測の手間を省くことができるのである．

　上の例はきわめて単純であり，さほどの利点があるようには思われない．しかし，前節で述べたように，ベクトル量や関数のような物理量に対しても線形空間を考えることができて，その線形空間の要素を数の空間の要素に対応させることができるのである．もちろんこの数の空間は，図 1.1 に示された数直線，すなわち R ではなく，数のベクトルを要素とする高次元の数の空間である．しかし，計測によって，物理量の線形空間の要素に対し，ベクトルを対応させることはできるのである．本書は，これを「物理量の線形空間と数の空間を同一視する」と称する．具体的な物理量を抽象的な数の空間と同一視し，数の空間において数の処理を使うことで，計測していない物理量や計測できない物理量を推測できるようになる．面倒な計測の省略は大きな利点である．なお，数の処理に必要とされる計算量は，特に関数の場合，人間の手に余ることがある．しかし，コンピュータを利用することで，大規模な計算が必要となる数の処理もこなせるようになっている．

2章 ベクトル量とベクトル

◆本章のテーマ

　本章は，計測の観点から物理量であるベクトル量を見直し，ベクトル量の基本的な特徴を復習する．物理量であるベクトル量と，数の空間のベクトルを区別することで，計測とはベクトル量を数のベクトルに対応させることであることを理解する．

◆本章の構成（キーワード）

2.1　ベクトル量の復習
　　　　線形空間，計測できる，単位ベクトル
2.2　ベクトル量の線形空間と同一視される数の空間
　　　　単位ベクトル，基底
2.3　線形空間の基底
　　　　内積，直交性
2.4　ベクトル量の座標変換
　　　　座標変換
2.5　線形作用素とマトリクス
　　　　写像，線形作用素

◆本章を学ぶと以下の内容をマスターできます

☞　ベクトル量とベクトルは対応すること
☞　ベクトル量の成分の座標変換が自然に導かれること
☞　ベクトル量の線形変換はマトリクスに対応すること

2.1 ベクトル量の復習

本章は，まずベクトル量の復習から始める。なお，ベクトルは数を並べたものとし，実体のある物理量であるベクトル量と区別する。ベクトル量は線形空間，ベクトルは数の空間に属する。物体の位置や物体に働く力はベクトル量である。位置や力は異なる物理次元を持ち，物理量としては異なっているが，方向と大きさを持つという点では共通である。実際，つぎの二つの共通の性質がある。

(1) ベクトル量の和もベクトル量である
(2) ベクトル量のスカラ倍もベクトル量である

ベクトル量の集合を V とし，その要素を $\vec{V}$ とすると，上の関係は次式で表すことができる。

$$\vec{V}+\vec{W} \in V, \quad \alpha\vec{V} \in V$$

ここで $\vec{W}$ は V の別の要素，α は無次元量の実数である。物理量としては異なっているものの，この共通の性質を使うことで，さまざまなベクトル量を数理的に統一して，簡単に扱うことができる。もちろん，要素の和やスカラ倍は適当に定義しなければならない。また，厳密に議論をするためには，もう少し準備が必要である。しかし，本書では，上記の二つの性質を満たすベクトル量の空間を線形空間と称する。

線形空間を導入する目的は，特定のベクトル量ではなく，さまざまなベクトル量の線形空間に共通する性質を見つけることである。共通する性質は，じつは単純である。前章で述べたように，共通する性質は，「計測できる」ということである。計測できるという性質のため，線形空間を数の空間に対応させることができるのである。意外に思うかもしれないが，上の二つの式は計測の一面を端的に表している。第一の式は，物理量 $\vec{V}$ と $\vec{W}$ を計測すれば，物理量 $\vec{V}+\vec{W}$ は，再度計測するまでもなく，$\vec{V}$ と $\vec{W}$ の和となることを意味している。第二の式は，物理量 $\vec{V}$ を計測すれば，物理量 $\alpha\vec{V}$ は，再度計測するまでもなく，$\vec{V}$

と α の積となることを意味しているのである．

　ベクトル量の例として，3次元空間の風速ベクトルを考える．風速というベクトル量を測る最も簡単な方法は，適当な方向の**単位ベクトル**（unit vector）を使って，その方向の速さというスカラ量を測ることである．下添え字を使って三つの単位ベクトルを $\vec{e}_1$, $\vec{e}_2$, $\vec{e}_3$ とし，その方向の大きさを V_1, V_2, V_3 とする．このとき，風速ベクトル $\vec{V}$ はつぎのように書くことができる．

$$\vec{V} = V_1 \vec{e}_1 + V_2 \vec{e}_2 + V_3 \vec{e}_3$$

上式は，左辺のベクトル量 $\vec{V}$ を右辺の三つの数の組み

$$\begin{bmatrix} V_1 \\ V_2 \\ V_3 \end{bmatrix}$$

に対応させていると考えることができる．すなわち，ベクトル量 $\vec{V}$ が数のベクトル $[V_1, V_2, V_3]^T$ に対応するのである．なお，T は**転置**（transpose）である．

2.2　ベクトル量の線形空間と同一視される数の空間

　線形空間を一般的に扱うため，記号を整理する．まず，ベクトル量の集合を線形空間とし，記号 V を使う．V の要素を，上矢印の代わりに太字を使って表す．すなわち，V の要素は $\mathbf{v}$ とする．つぎに，数の空間を R^N とする．R の肩にある N は整数で，上の例では $N=3$ である．この R^N の要素である数のベクトルを $[v]$ とする．$[v] = [v_1, v_2, \cdots, v_N]^T$ である．線形空間 V の単位ベクトルを記号 $\mathbf{e}_i$[†] を使って表すと，V の要素はつぎのように表すことができる．

$$\mathbf{v} = v_1 \mathbf{e}_1 + v_2 \mathbf{e}_2 + \cdots v_N \mathbf{e}_N \tag{2.1}$$

V の要素である左辺の $\mathbf{v}$ が，R^N の要素 $[v]$ を使って右辺のように記述され，こ

[†] R^3 の数の空間では，$\mathbf{e}_1$ は $[1, 0, 0]^T$ に対応する．

の意味で **v** は $[v]$ に対応する。他の V の要素 **u** に対しても，必ず対応する R^N の要素 $[u]$ がある（図 **2.1** 参照）。この意味で V と R^N を同一視するのである。

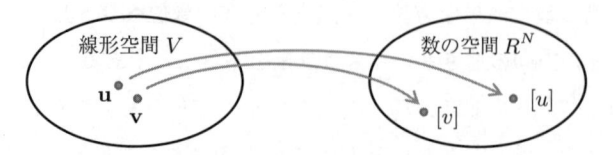

図 2.1 線形空間 V と対応する数の空間 R^N

ベクトル量の集合を線形空間とし，この線形空間を数の空間に対応させる，という作業は面倒である。しかし，線形空間を導入し，線形空間と数の空間を対応させることは，より一般的なベクトル量を間違いなく数のベクトルに対応させるためには必要である。例えば，K 個の点で風速を計測する場合を考える。第 k 番目の点の風速を上添え字を使ってつぎのように表す。

$$\vec{V}^k \qquad (k = 1, 2, \cdots, K)$$

この K 個の風速ベクトルの組み $\{\vec{V}^k\}$ は，定義により，線形空間とすることができる。個々の点 $\vec{V}^k$ は R^3 に対応するため，K 個の風速ベクトルの組みの線形空間は R^{3K} に対応する。実際，式 (2.1) にならうと，風速ベクトルの組みに対応した線形空間の要素は，次式で表すことができる。

$$\mathbf{v} = v_1 \mathbf{e}_1 + v_2 \mathbf{e}_2 + \cdots + v_{3N} \mathbf{e}_{3N}$$

もちろん，$v_1 = V_1^1$ であり，V_1^1 は $\vec{V}^1$ の $\vec{e}_1$ 方向の成分である。同様に，$v_{3(k-1)+i} = V_i^k$ である。しかし，$\mathbf{e}_1$ は単位ベクトル $\vec{e}_1$ ではない。$\mathbf{e}_1$ は R^{3K} の単位ベクトル $[1, 0, \cdots]^T$ である。単位ベクトルは**基底**（base）と呼ばれることもある。線形空間の要素は，K の値がどのように大きくても，形式的には上の式のように抽象化して表すことができるのである。なお，暗に $\vec{V}^k$ は異なる点の風速ベクトルとしてきたが，同一の点の異なる時間における風速としてもよい。すなわち，一定の時間間隔で K 回計測した風速のデータと考えてもよい。このデー

タも線形空間となるのである．もちろん，時間間隔を小さくし，必要に応じて K を大きくすれば，一定時間，時間の関数として風速を計測したことになる．

上記を整理すると，風速の組みというベクトル量の線形空間 V では，要素 $\mathbf{v}$ に係数の組み $[V] = [v_1, v_2, \cdots, v_{3K}]^T$ が対応する．この組みは R^{3K} のベクトルである．すなわち，風速の組みはつぎのように R^{3K} のベクトルと対応する．

$$\{\vec{V}^1, \vec{V}^2, \cdots, \vec{V}^K\} \quad \to \quad \mathbf{v} \quad \to \quad \begin{bmatrix} v_1 \\ v_2 \\ \vdots \\ v_{3K} \end{bmatrix}$$

要素を対応させることができるという意味で，ベクトル量の抽象的な線形空間 V を R^{3K} と同一視することができるのである．

2.3 線形空間の基底

線形空間の要素は，基底の係数の組みに対応する．一つの基底に注目すれば，線形空間の要素から基底の係数が得られる．基底を選ぶと係数が得られることは，計測するとある成分が得られることと同じである．すなわち，基底を使って係数を求めるという数理的な操作は，適当な道具を使って物理量を測るという実際の計測行為に対応しているのである．この意味で，基底は計測に使われる道具を抽象化したものとなっている．

風速ベクトル $\mathbf{v}$ を測るという実際の計測という行為と，線形空間を使った数理操作の対応を示してみる．つぎの計測の誤差を考える．

$$E^v(v_1, v_2, v_3) = (\mathbf{v} - \mathbf{v}^*, \mathbf{v} - \mathbf{v}^*) \tag{2.2}$$

ここで記号 $(\,,\,)$ はベクトル量の内積である．右辺の $\mathbf{v}$ は真の風速ベクトル，$\mathbf{v}^*$ は計測された風速ベクトルであり，計測される数のベクトル $[v]$ を使って，この $\mathbf{v}^*$ をつぎのように表す．

$$\mathbf{v}^* = \sum_i v_i \mathbf{e}_i$$

v_i は計測の誤差 E を最小とするように決めることになる。これはもちろん，E^v の v_i に対する偏微分を 0 とすればよい。当然の結果であるが，v_i は $\mathbf{v}$ と $\mathbf{e}_i$ の内積であるという次式が導かれる。

$$v_i = (\mathbf{v}, \mathbf{e}_i) \tag{2.3}$$

これは，$\mathbf{e}_i$ を使った内積を計算するという数理操作が，計測という実際の行為を抽象化していることを意味している。繰返しであるが，式 (2.3) の v_i は式 (2.2) の E^v を最小にする。この v_i を並べた数のベクトルが $[v]$ である。

上の計算では，単位ベクトルがたがいに直交すること，すなわち

$$(\mathbf{e}_i, \mathbf{e}_j) = \begin{cases} 1 & (i = j \text{ のとき}) \\ 0 & (i \neq j \text{ のとき}) \end{cases} \tag{2.4}$$

が暗に仮定されていた。この**直交性**（orthogonality）が成立することで

$$(\mathbf{v}, \mathbf{e}_1) = v_1 (\mathbf{e}_1, \mathbf{e}_1) + v_2 (\mathbf{e}_2, \mathbf{e}_1) + v_3 (\mathbf{e}_3, \mathbf{e}_1)$$

から，式 (2.3) が導かれる。直交性が成立しないと，v_i を求めることは煩雑となり，不便である[†]。

2.4　ベクトル量の座標変換

ここまでは，基底を使った内積によって，ベクトル量をベクトルに対応させるという数理操作は，道具を使ってベクトル量を計測するという行為を抽象化していることを説明した。例えば，風速を測る場合，計測者は前後と左右，そし

[†] 実際に基底が直交しなくとも，直交する別の基底を作ることは可能である。しかし，非常に面倒な操作が必要となる。直交しない基底を使う場合，計測という行為を抽象化することも面倒である。

2.4 ベクトル量の座標変換

て上下の三つの方向の成分を測る．これが最も自然である．前後・左右・上下の単位ベクトルを線形空間の基底とすれば，計測はまさに基底を使った内積となる．問題は，もう一人の別の計測者を考えた場合である．この計測者も，自分の前後・左右・上下の成分を測ることが自然である．同じ風速を計測した場合でも，計測者によって，前後・左右・上下が異なるため，その方向の成分の値は異なることになるのである．

式を使って2人の計測を表してみる．計測者をAとBとし，Aの計測は基底の組み $\{\mathbf{e}_i\}$ を使った内積，Bの計測は基底の組み $\{\mathbf{e}'_i\}$ を使った内積とする．例えば，$\mathbf{e}_1$ はAの前後方向，$\mathbf{e}'_1$ はBの前後方向となる．式 (2.1) より次式が成立する．

$$\mathbf{v} = v_1 \mathbf{e}_1 + v_2 \mathbf{e}_2 + v_3 \mathbf{e}_3 = v'_1 \mathbf{e}'_1 + v'_2 \mathbf{e}'_2 + v'_3 \mathbf{e}'_3$$

もちろん，$[v]$ はAの計測値，$[v']$ はBの計測値である．基底が異なるため，同じベクトル量に対しても，対応するベクトルが異なるのである．すなわち，$\mathbf{v}$ の線形空間は一つでも，対応する数の空間は異なる．同じ記号を使うが，Aの計測の R^3 とBの計測の R^3 は異なることに注意が必要である．

$\mathbf{v}$ は $[v]$ に対応すると同時に $[v']$ にも対応する．この対応を用いると，$[v]$ を $[v']$ に対応させることもできるようになる．実際，成分の計算 $v_i = (\mathbf{v}, \mathbf{e}_i)$ において

$$\mathbf{v} = \sum_j v'_j \mathbf{e}'_j$$

を代入すると

$$v_i = \sum_j (\mathbf{e}_i, \mathbf{e}'_j) v'_j \tag{2.5}$$

が導かれる．本書では，これをベクトル量の成分，すなわち数のベクトルの

座標変換（coordinate transformation）†と称することにする。本書では座標を基底の組みとしてとらえ，$\{\mathbf{e}_i\}$ から $\{\mathbf{e}'_i\}$ に座標を変えると，式 (2.5) に従って成分であるベクトルが $[v]$ から $[v']$ に変わる，という意味で座標変換を使う。ベクトル量そのものは座標にはよらない。したがって，座標が変わると，ベクトル量に対応するベクトルが変わるのである。

2.5　線形作用素とマトリクス

　ベクトル量の線形空間の要素を，他のベクトル量の線形空間の要素に対応させることを考える。これを，作用素を使った**写像**（mapping）と呼ぶ。作用素がつぎの二つの関係を満たすとき，**線形作用素**（linear operator）と呼ぶ。

(1)　要素の和の写像は，写像の和である

(2)　スカラ倍された要素の写像は，写像された要素のスカラ倍である

線形空間の要素を $\mathbf{u}$，線形作用素を $\mathcal{K}$ とすると，上の二つの関係はつぎの二つの式で表すことができる。

$$\mathcal{K}[\mathbf{u}+\mathbf{v}] = \mathcal{K}[\mathbf{u}] + \mathcal{K}[\mathbf{v}], \quad \mathcal{K}[\alpha\mathbf{u}] = \alpha\mathcal{K}[\mathbf{u}]$$

ここで，$\mathbf{v}$ は $\mathbf{u}$ と同じ線形空間の要素，α は実数である。

---

† $(\mathbf{e}_i, \mathbf{e}'_j) = Q_{ij}$ とすると，成分の変換は

$$v_i = \sum Q_{ij} v'_j$$

である。一方，単位ベクトルの変換は，$\mathbf{v} = \sum v'_i \mathbf{e}'_i$ の右辺をつぎのように計算することで導かれる。

$$\sum_i \left(\sum_j Q_{ij}^{-1} v_j \right) \mathbf{e}'_i = \sum_j v_j \left(\sum_i Q_{ij}^{-1} \mathbf{e}'_i \right)$$

より，$\mathbf{v} = \sum v_j \mathbf{e}_j$ であるから

$$\mathbf{e}_i = \sum_j Q_{ij}^{-1} \mathbf{e}'_j$$

となる。すなわち，単位ベクトルの変換には，Q_{ij} に代わって，その逆マトリクス Q_{ij}^{-1} が使われることになる。

2.5 線形作用素とマトリクス

　線形空間の要素がベクトルに対応するように，二つの線形空間を結ぶ線形作用素はマトリクスに対応する．二つの線形空間が対応するベクトルの次元がマトリクスの次元となる．例えば，二つの線形空間を V と W とし，それぞれ R^N と R^M に対応する場合を考える．線形作用素 $\mathcal{K}$ は $M \times N$ のマトリクス $[K]$ に対応し，$\mathcal{K}$ によって $\mathbf{u} \in V$ が $\mathbf{w} \in W$ に写る場合，すなわち

$$\mathcal{K}[\mathbf{u}] = \mathbf{w}$$

の場合

$$[K][u] = [w] \tag{2.6}$$

となる．上記の意味で，線形作用素はマトリクスに対応するのである（図 **2.2** 参照）．

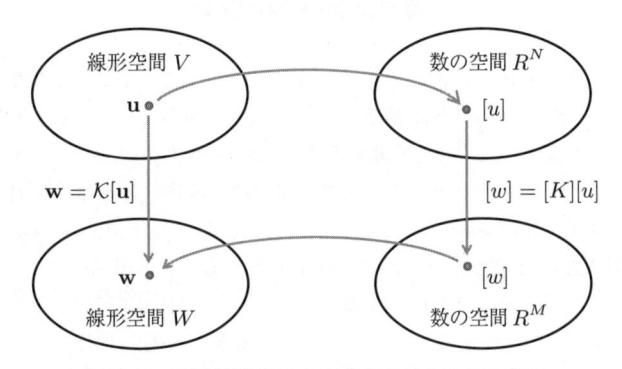

図 2.2 線形作用素 $\mathcal{K}$ と対応するマトリクス $[K]$

　線形空間において，線形作用素は具体的になにに対応するのであろうか．例えば風を考える場合，風速と風力はそれぞれベクトル量であり，線形空間を考えることができる．風速と風力は物理次元が異なるが，風速に比例して風力が大きくなる場合，風速と風力の間に線形写像を考えることができる．もちろん，風速と風力の方向が同一である場合，風速の大きさと風力の大きさが比例することになり，わざわざ線形作用素を導入する必要はない．しかし，より一般的な場合を考えるためには，異なる物理量の線形空間を結ぶ線形作用素を導入す

ると便利である．例えば，構造物の線形応答を考える場合，荷重-変位関係により，構造物の各点の変位は，外力である荷重の線形作用素を使って推定することができる．荷重の線形空間の要素が，各点の変位の組みの線形空間の要素に線形で写像されるのである．この拡張として，複数の外力を考えることができる．構造物が線形応答をする限り，荷重の組みの線形空間と変位の組みの線形空間の間には線形の対応が成立する．適当な線形作用素を使うことで，荷重の組みから変位の組みを推定することができるのである．数の空間に対応させれば，線形作用素に対応する適当なマトリクスに，荷重の線形空間に対応するベクトルをかけることで，変位の線形空間に対応するベクトルを決めることができる．

演習問題

〔**2.1**〕 二つのベクトル量 u と v の内積が座標不変量であることを確認せよ．

〔**2.2**〕 ベクトル量 v の計測誤差 $E^v(v_1, v_2, v_3) = (\mathbf{v} - \mathbf{v}^*, \mathbf{v} - \mathbf{v}^*)$ を最小にすることによって，数のベクトル $[v]$ が求められることを示せ．

〔**2.3**〕 A 君と B 君が風速ベクトル v を計測する．なお，B 君は，A 君とは反時計回りの方向に θ の角度を向いている．B 君の計測結果は $\mathbf{v} = 3\mathbf{e}_1' + 4\mathbf{e}_2'$ である．$\mathbf{e}_1'$ と $\mathbf{e}_2'$ は B 君の左右と前後を表す単位ベクトルである．この風速ベクトル v を A 君はどのように測定するか．θ を用いて表せ．

〔**2.4**〕 任意のベクトル量 x に対するつぎの作用素 $\mathcal{K}$ が線形作用素であるか，そうでないかを答えよ．ここで，a は固定された非零ベクトル量である．
 (1) $\mathcal{K}[\mathbf{x}] = \mathbf{a}$
 (2) $\mathcal{K}[\mathbf{x}] = (\mathbf{x}, \mathbf{a})\mathbf{a}$
 (3) $\mathcal{K}[\mathbf{x}] = (\mathbf{a}, \mathbf{x})\mathbf{x}$

〔**2.5**〕 $\mathcal{L}$ を線形作用素とし，単位ベクトル $\{\mathbf{e}_1, \mathbf{e}_2\}$ に対してつぎの等式が成立することを仮定する．

$$\mathcal{L}[\mathbf{e}_1 + \mathbf{e}_2] = 2\mathbf{e}_1, \quad \mathcal{L}[\mathbf{e}_1 - \mathbf{e}_2] = 4\mathbf{e}_2$$

このとき，$\mathcal{L}[x_1\mathbf{e}_1 + x_2\mathbf{e}_2]$ を求めよ．最初に $\mathcal{L}[\mathbf{e}_1]$ と $\mathcal{L}[\mathbf{e}_2]$ を計算し，つぎに $\mathcal{L}[x_1\mathbf{e}_1 + x_2\mathbf{e}_2]$ を計算すればよい．

3章 関数とフーリエ級数展開

◆**本章のテーマ**

物理量の関数を計測すると，その結果は数のベクトルとして整理できる。フーリエ級数展開は，実際，関数を展開係数のベクトルに対応させる変換と考えることができる。本章は，計測の観点からフーリエ級数展開を再構築する。

◆**本章の構成（キーワード）**

3.1 フーリエ級数展開の導入
     フーリエ級数，関数空間
3.2 線形空間の枠組みでみたフーリエ級数展開
     基底，内積
3.3 フーリエ級数展開と微分作用素
     境界値問題，微分作用素，線形作用素

◆**本章を学ぶと以下の内容をマスターできます**

☞ 物理量の関数とベクトルは対応すること
☞ フーリエ級数展開は関数を計測する自然な方法であること
☞ 線形の微分方程式はマトリクス方程式に対応すること

3.1 フーリエ級数展開の導入

関数は数学で用いられるものである。しかし，現実の自然現象や社会現象を記述するために使われることもある。例えば，部屋の中の温度の空間分布は関数である。また，ある会社の株価の時系列変化も関数である。数学で使われる多項式や三角関数と異なり，実際の関数を正確に明示的に表すことは難しい。明示的に表す代わりに，適当な時間や点で関数の値を測ることで，実際の関数の一部の情報を得ているのである。

計測できるという意味で，温度分布や株価の変動という実際の関数に対して，線形空間を考えることができる。関数を要素とする集合は，通常，**関数空間**（functional space）と呼ばれる。関数の和やスカラ倍を計算することができ，かつ，和やスカラ倍も関数となることを考えると，関数空間は線形空間である。前章にならって，関数空間を S，その要素である関数を u とすると，以下が成立する。

(1) v も S の要素であれば，$u+v$ も S の要素である
(2) α を実数とすれば，αu も S の要素である

すなわち

$$u+v \in S, \quad \alpha u \in S$$

が成立する。上記が成立するため，関数空間 S を線形空間の一種と考えることができるのである。

線形空間である以上，関数 S は数の空間に対応させることができる。もちろん関数の自由度は無限大であるから，対応する数の空間の次元はいくらでも大きくすることができる。簡単のため，つぎのような S を考える。

$$S = \{\, u(t) \mid u(0) = u(2\pi) = 0,\ 0 \leq t \leq 2\pi \,\}$$

この S の要素 u を測ること，すなわち数の空間に対応させることを考える。数の空間への対応にはいろいろな方法があるが，ここではつぎの形を考える。

3.1 フーリエ級数展開の導入

$$u^*(t) = u_1 \sin(1t) + u_2 \sin(2t) + \cdots + u_N \sin(Nt)$$

関数 u^* は $\sin(nt)$ の線形和で与えられ，線形和の係数

$$[u] = \begin{bmatrix} u_1 \\ u_2 \\ \vdots \\ u_N \end{bmatrix}$$

が数の空間の要素となる．この u^* を使って S の要素である関数 u と数の空間の要素であるベクトル $[u]$ を対応させるのである．

u と $[u]$ を対応させるために，$[u]$ から決まる u^* を使ったつぎの E^u を考える．

$$E^u = \int_0^{2\pi} (u(t) - u^*(t; u_1, u_2, \cdots))^2 \, dt \tag{3.1}$$

E^u は二つの関数 u と u^* の差 $u - u^*$ の2乗を0から2πまで積分した値である．大まかにいって，この積分は0から2πまでの差の2乗の和と考えることができるから，E^u は誤差とみなすことができるのである．

E^u は線形和の係数のベクトル $[u]$ の多変数関数である．したがって，E^u を

$$E^u(u_1, u_2, \cdots, u_N)$$

と書くことにする．負とはならない $(u-u^*)^2$ を積分する多変数関数 E^u が最小値を持つことは明らかであり，最小値をとる $[u]$ は E^u の微係数を0とする．面倒であるが，E^u の微係数を計算してみる．変数 u_n に関する微係数 $\partial E^u/\partial u_n$ は，$(u-u^*)^2$ を x に関して積分した値を u_n に関して微分するものであるが，微分と積分の順番を変えると，つぎのように計算できる．

$$\frac{\partial}{\partial u_n}\left(\int (u-u^*)^2 \, dt\right) = \int \frac{\partial}{\partial u_n}(u-u^*)^2 \, dt$$
$$= \int 2(u-u^*)\frac{\partial}{\partial u_n}(u-u^*) \, dt$$

変数 u_n に依存している関数は u^* であるから，$u - u^*$ を u_n で微分すると，次式を得る．

$$\frac{\partial}{\partial u_n}(u - u^*) = -\frac{\partial u^*}{\partial u_n} = -\sin(nt)$$

最初は奇異にみえるかもしれないが，上の式は，u_n が du_n だけ変わると，関数 u^* は $du_n \sin(nt)$ だけ変わることを意味しており，正しい演算である。この演算の結果

$$\int 2(u(t) - u^*(t))(-\sin(nt))\,dt$$
$$= -2\int \left(u(t) - \sum_m u_m \sin(mt)\right)\sin(nt)\,dt$$

が導かれる。なお，見通しをよくするため，上式では u と u^* が t の関数であることを明示している。正弦関数（sin）の積の積分はつぎのように計算できる。

$$\int_0^{2\pi} \sin(mt)\sin(nt)\,dt = \begin{cases} \pi & (m = n \text{ のとき}) \\ 0 & (m \neq n \text{ のとき}) \end{cases} \tag{3.2}$$

したがって，$\dfrac{\partial E^u}{\partial u_n} = 0$ から

$$\int_0^{2\pi} u(t)\sin(nt)\,dt - \pi u_n = 0$$

が導かれる。すなわち，u_n は次式で与えられる。

$$u_n = \frac{1}{\pi}\int_0^{2\pi} u(t)\sin(nt)\,dt \qquad (n = 1, 2, \cdots, N) \tag{3.3}$$

このように，u^* を介することで，式 (3.1) の E^u を最小化する $[u]$ を決めることができるのである。

式 (3.3) の係数は，正弦関数を使った関数 u のフーリエ級数展開の係数である。

3.2　線形空間の枠組みでみたフーリエ級数展開

線形空間の枠組みでみれば，フーリエ級数展開の係数の計算は，関数の測定を抽象化する数理操作である。これは，内積を使った成分の計算がベクトル量

3.2　線形空間の枠組みでみたフーリエ級数展開

の測定を抽象化していることと同じである．より厳密にいえば，$\mathbf{v}^*$ を使った式 (2.2) の E^v や，u^* を使った式 (3.1) の E^u の最小化が，測定の抽象化である．式 (2.4) や式 (3.2) を使うことで，式 (2.3) の v_i や式 (3.3) の u_n が最小化から決まる．

　ベクトル量の線形空間において単位ベクトル $\mathbf{e}_i$ を基底と呼んだように，線形空間である関数空間 S において，$\sin(nt)$ を基底と呼ぶことにする．また，ベクトル量 $\mathbf{u}$ と $\mathbf{v}$ の内積 $(\mathbf{u}, \mathbf{v})$ に対応し，S に属する関数 $u(t)$ と $v(t)$ の積の積分

$$\int_0^{2\pi} u(t)v(t)\,dt$$

を**内積**（inner product）と呼ぶことにする．具体的な数理操作は異なるものの，ベクトル量の計測と同様に，関数空間に基底と内積を準備することで，関数の計測を行っていると考えることができるのである．

　前述のように，ベクトル量の線形空間と異なり，関数空間に対応する数の空間の次元は有限ではない．正弦関数を使ったフーリエ級数展開の場合，基底である $\sin(nt)$ の数はいくらでも大きくすることができる．数学では無限の概念と扱い方は興味深い課題である．しかし，工学に応用することに限定すれば，無限の概念を理解することにさほどこだわる必要はない．重要なのは，項数を増やせば精度が上がるということである．N 個の正弦関数を使ったフーリエ級数展開で与えられる関数に対し，上添え字 N を使って項数を強調し u^{N*} とする．このとき，$M < N$ であれば

$$\int_0^{2\pi} \left(u(t) - u^{N*}(t)\right)^2 dt \leq \int_0^{2\pi} \left(u(t) - u^{M*}(t)\right)^2 dt$$

が必ず成立する．事実，u^{M*} の係数は，$\sin(Mt)$ までは u^{*N} の係数と一致，$\sin((M+1)t)$ 以降の係数は 0 と考えることができる．式 (3.1) の E^u が誤差であることを考えれば，上式が成立することは明らかである．なお，上式が成立することは

$$\left(u(t) - u^{N*}(t)\right)^2 \leq \left(u(t) - u^{M*}(t)\right)^2 \quad (0 \leq t \leq 2\pi)$$

が成立することを意味しない．領域全体で定義された誤差を最小にすることと，特定の点での誤差を最小にすることとは別である．

フーリエ級数展開によって，関数 $u(t)$ が R^N の要素である $[u]$ に対応する．関数空間が線形性を満たすこととは別に，関数をベクトルに対応させるフーリエ級数展開も，つぎの線形性を満足する．

(1) 関数 $v(t)$ のフーリエ級数展開係数を $[v]$ とすれば，関数 $u(t)+v(t)$ のフーリエ級数展開係数は $[u+v]$ である

(2) α を実数とすれば，関数 $\alpha u(t)$ のフーリエ級数展開係数は $[\alpha u]$ である

関数 $u(t)$ とベクトル $[u]$ は1対1に対応するが，上記の線形性[†]があるため，関数空間で行う複雑な処理を，数の空間の四則演算などの簡単な数理操作に置き換えることができる．実際の u がなんであれ，式 (3.3) によって $[u]$ を計算すれば，この $[u]$ を使って u の性質や操作を理解することができるのである．

3.3 フーリエ級数展開と微分作用素

フーリエ級数展開の応用の例として，つぎの**境界値問題**（boundary value problem）を解くことを考える．

$$\frac{d^2 u}{dt^2}(t) + \omega^2 u(t) = f(t) \qquad (0 < t < 2\pi) \tag{3.4}$$

境界条件はつぎのように与えられている．

$$u(t) = 0 \qquad (t = 0, 2\pi) \tag{3.5}$$

この境界値問題は，固有振動数 ω を持つ1質点系モデルに，外力として加速度 f が入力された問題である．式 (3.4) の左辺の第1項は加速度，第2項は1質点系モデルについたばねの力である．より正確には，速度に比例した力となる減衰項を加える必要があるが，簡単のため，ここでは無視することにする．ま

[†] 同様の線形性は，ベクトル量をベクトルに対応させる場合にも成立する．すなわち，ベクトル量 **u** と **v** に対応するベクトルを $[u]$ と $[v]$ とすれば，$\mathbf{u}+\mathbf{v}$ に対応するベクトルは $[u+v]$ であり，$\alpha \mathbf{u}$ に対応するベクトルは $[\alpha u]$ である．

3.3 フーリエ級数展開と微分作用素

た，微分方程式は 6 ～ 8 章で詳しく説明するため，本章ではフーリエ級数展開の応用に集中して，この境界値問題を解くことにする。

式 (3.4) は，与えられた既知の関数 f に対し，未知の関数 u を求める問題である。この問題を解く準備として，線形空間の一種である関数空間の視点に立ってみる。関数 f の物理次元は加速度であり，関数 u の物理次元である長さとは異なる。したがって，f は u と異なる関数空間に属する。この関数空間を F とすると，式 (3.4) は S の要素[†1]である u を F の要素である f に対応させる式と考えることができる。この対応は，もちろん微分を使った数理処理である。この数理処理を**微分作用素**（differential operator）とし，つぎのように表すことにする。

$$\mathcal{L}[u](t) = \frac{\mathrm{d}^2 u}{\mathrm{d}t^2}(t) + \omega^2 u(t) \tag{3.6}$$

微分方程式 (3.4) では，この微分作用素 $\mathcal{L}$ によって，S の要素が F の要素に対応するのである。

実際に計算してみればただちにわかるが，式 (3.6) の微分作用素 $\mathcal{L}$ は，関数 u と v と実数 α に対して，つぎの二つの性質を満たす。

(1) $u + v$ の変換 $\mathcal{L}[u+v]$ は，u と v の変換の和 $\mathcal{L}[u] + \mathcal{L}[v]$ で与えられる
(2) αu の変換 $\mathcal{L}[\alpha u]$ は，u の変換の α 倍 $\alpha \mathcal{L}[u]$ で与えられる

すなわち

$$\mathcal{L}[u+v](t) = \mathcal{L}[u](t) + \mathcal{L}[v](t), \quad \mathcal{L}[\alpha u](t) = \alpha \mathcal{L}[u](t)$$

であり，$\mathcal{L}$ は線形作用素[†2]である。前章で説明したように，線形空間の要素が数の空間のベクトルに対応するのと同様に，線形空間の線形作用素はマトリクスに対応させることができる。微分作用素は微分という高度な演算を含むものの，線形空間の視点に立てば，マトリクスに対応させることができるのである。

以上を整理すると，つぎの 2 点が重要である。第一に，式 (3.4) は微分作用

[†1] 定義より，S の要素は境界条件 (3.5) を満たす。逆に考えれば，境界条件を満たすことが関数空間の条件となっている。
[†2] 式 (3.6) の微分作用素 $\mathcal{L}$ のように，二つの性質を満たす作用素を**線形作用素**（linear operator）と呼ばれる。なお，物理では作用素，数理では写像という用語を使うことが多いようである。

素 $\mathcal{L}$ を介して関数空間 S の要素が関数空間 F の要素に対応することを意味する。この式を解くということは，与えられた F の要素 f に対して式 (3.6) の $\mathcal{L}$ で対応する u を見つけることであり，微分作用素による S から F への対応の逆を見つけることである。第二に，微分作用素 $\mathcal{L}$ は微分を含む高度な作用素であるが，線形作用素である。したがって，マトリクスに対応させることができる。二つの関数空間 S と F は，おのおののフーリエ級数展開を介して数の空間と同一視できる。すなわち，関数 u と f をベクトル $[u]$ と $[f]$ に対応させることができる。微分作用素 $\mathcal{L}$ に対応するマトリクスを $[L]$ とすると，この $[L]$ は $[u]$ と $[f]$ をつぎのように結び付ける。

$$[L][u] = [f] \tag{3.7}$$

以上の 2 点より，既知の関数 f に対して未知の関数 u を見つける微分方程式 (3.4) は，既知のベクトル $[f]$ に対して未知のベクトル $[u]$ を見つけるマトリクス方程式 (3.7) に書き換えることができる（図 **3.1** 参照）。

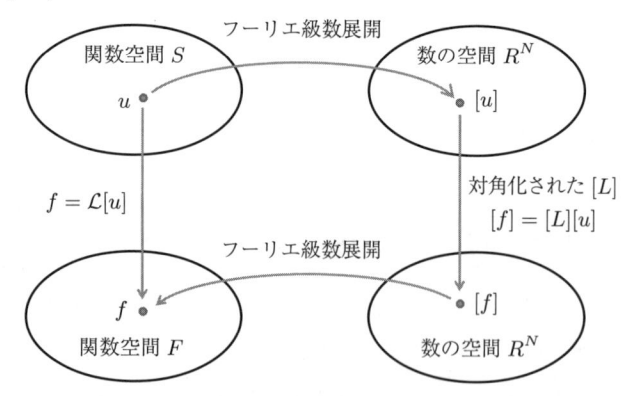

図 3.1 フーリエ級数展開を使った微分方程式の解法の概要

微分方程式 (3.4) を解くために残された作業は，微分作用素 $\mathcal{L}$ に対応するマトリクス $[L]$ を具体的に求めることである。この作業はじつは簡単である。関数をベクトルに対応させるときに誤差を考えたように，作用素をマトリクスに対応させるときにも誤差を考えればよい。具体的には，$\mathcal{L}[\sin(mt)]$ のフーリエ級数展開を使ったつぎの誤差である。

$$E^L = \int_0^{2\pi} \left(\mathcal{L}[\sin(mt)] - \sum_n L_{nm} \sin(nt) \right)^2 \mathrm{d}t \tag{3.8}$$

右辺から明らかなように，$\mathcal{L}[\sin(mt)]$ のフーリエ級数展開には $\sin(1t)$ から $\sin(Nt)$ を使っている．誤差を最小にする L_{nm} は $\partial E^L / \partial L_{nm} = 0$ を満たす．すなわち

$$\int_0^{2\pi} \mathcal{L}[\sin(mt)] \sin(nt) \, \mathrm{d}t - \pi L_{nm} = 0$$

である．この式から L_{nm} を計算すると，つぎのようになる．

$$L_{nm} = \begin{cases} -n^2 + \omega^2 & (n = m \text{ のとき}) \\ 0 & (n \neq m \text{ のとき}) \end{cases}$$

もちろん，式 (3.6) より $\mathcal{L}[\sin(mt)] = (-m^2 + \omega^2)\sin(mt)$ であるから，E の微係数を計算しなくても上式を導くことができる．いずれにせよ，マトリクス $[L]$ は対角マトリクス[†]であり，第 n 番目の対角項は $-n^2 + \omega^2$ である．この $[L]$ の逆マトリクス $[L]^{-1}$ は簡単に計算できる．そして，式 (3.7) をつぎのように解くことができる．

$$u_n = \frac{1}{-n^2 + \omega^2} f_n$$

もちろん f_n は

$$f_n = \frac{1}{\pi} \int_0^{2\pi} f(t) \sin(nt) \, \mathrm{d}t$$

として計算される．この結果，微分方程式 (3.4) の解 u はつぎのように与えられる．

$$u(t) = \sum_{n=1}^N \frac{1}{-n^2 + \omega^2} \left(\frac{1}{\pi} \int_0^{2\pi} f(s) \sin(ns) \, \mathrm{d}s \right) \sin(nt) \tag{3.9}$$

[†] マトリクス $[L]$ の次元は明示しなかったが，式 (3.7) を解くためには $N \times N$ としている．これは，S と F の関数の両方を，N 個の正弦関数を使ってフーリエ級数展開することを想定している．

これがフーリエ級数展開を使った式 (3.4) の解法である．なお，式 (3.9) の右辺の積分に記号 s が使われているが，これは左辺にも現れる変数 t と区別するためである．

線形作用素である微分作用素 $\mathcal{L}$ をマトリクス $[L]$ に対応させる際，基底 $\sin(nt)$ の直交性が重要な役割を果たしていることに注意してほしい．基底の直交性は次式である．

$$\int_0^{2\pi} \sin(nt)\sin(mt)\mathrm{d}t = 0 \qquad (n \neq m)$$

関数空間 S や F の基底の組みには，多項式など，$\{\sin(nx)\}$ 以外の選択肢もある．しかし，$\{\sin(nx)\}$ 以外の基底の組みを使う場合，$\mathcal{L}$ は別のマトリクスに対応し，このマトリクスが対角マトリクスになるとは限らない．$\mathcal{L}$ を $[L]$ に対応させるときには $\{\sin(nt)\}$ という基底の組みが適している．内積は計測に対応し，基底は計測の道具に対応することを説明したが，$\mathcal{L}$ を賢く計測するために，$\{\sin(nt)\}$ を使ったのである．賢い計測とはもちろん，計測で得られる $[L]$ が，逆マトリクスの計算が簡単な対角マトリクスになることを意味する．

演習問題

〔**3.1**〕 基底の組み $\{\sin(nt)\}$ を用いた場合の，関数 $u(t) = e^t$ に対応する数のベクトル $[u]$ を求めよ．なお，関数の区間を $0 < t < 2\pi$ とする．

〔**3.2**〕 u^* を t^n の線形和で与えた場合，すなわち

$$u^*(t) = u_0 + u_1 t + u_2 t^2 + \cdots + u_N t^N$$

とおいた場合，本文中式 (3.5) の微分作用素 $\mathcal{L}$ に対応する $[L]$ が対角マトリクスとならないことを確認せよ．

〔**3.3**〕 基底の組み $\{\sin(nt)\}$ を用いて，つぎの微分方程式の解を求めよ．

$$\frac{\mathrm{d}^2 u}{\mathrm{d}t^2}(t) + \omega^2 u(t) = t \qquad (0 < t < 2\pi)$$

なお，境界条件は $u(0) = u(2\pi) = 0$ である．

第II部

テンソル量

4章 ベクトル量とテンソル量

◆本章のテーマ

計測できる物理量としてテンソル量を説明する。計測の観点を強調し，テンソル量がベクトル量の自然な拡張であることが無理なく理解できるようにする。ベクトル量と同様，テンソル量も座標に依存しない物理量であることも説明する。

◆本章の構成（キーワード）

4.1 計測の観点からみたベクトル量とテンソル量
　　　テンソル，単位ベクトル，線形空間
4.2 ベクトル量とテンソル量の座標非依存性
　　　テンソル積，主成分，主成分方向

◆本章を学ぶと以下の内容をマスターできます

☞ 物理量としてテンソル量があり，テンソル量はベクトル量の拡張と考えられること
☞ テンソル量は座標に依存しないこと

4.1 計測の観点からみたベクトル量とテンソル量

土木工学・環境工学の基礎である固体・流体の**連続体力学**（continuum mechanics）では，ひずみや応力という**テンソル**（tensor）量が使われる．テンソル量は理解することが難しい．そもそもテンソル量の概念が直観的にはわかりづらいことは確かである．古典物理の中でも，電磁気などでは使われることが少ない概念である．もちろん，数学の分野では単純明快にテンソルは説明されているが，物理と離れた幾何学の観点からの定義であるため，テンソルの概念を理解することは難しい．このため，テンソル量の概念を明確に説明した成書は，著者の知る限り，土木工学・環境工学の分野では見当たらない．さらに，物理量であるベクトル量が数のベクトルに対応するように，物理量であるテンソル量は，数のテンソルに対応する．テンソル量の理解が難しいことと同様に，あるいはもしかするとそれ以上に，テンソルの理解も難しい．

理解するのが難しいことは別として，テンソル量を利用することも容易ではない．概念がわからないため，テンソル量を使う必然性が不明だからである．ただ単にひずみや応力の成分を計算するといった安易な使い方がされがちである．ベクトル量が座標に依存しない大きさや方向を持つ量であることと同様に，テンソル量も座標に依存しない特性を持つ量である．主ひずみや最大せん断応力はこの座標に依存しない特性なのであるが，この特性を活かしたテンソル量の使い方がされていない．これが連続体力学という土木工学・環境工学の基礎が敬遠される一因となっていることは否めない．

テンソル量の理解と利用に関して，現状が悲観的であることは否めない．しかし，一点希望がある．それは，テンソル量はベクトル量の拡張であるという，獏とした知識が共有されている点である．本書では，この点を手掛りに，テンソル量の概念を説明する．それでは，テンソル量がベクトル量の拡張であるとは，どのような意味であろうか．本章では，計測の観点からこの意味を説明する．ベクトル量の成分を計測するためには，一つの単位ベクトルを使う．テン

ソル量の成分を計測するためには，二つの単位ベクトル[†1]を使う。成分の計測に使う単位ベクトルの数が増えるという意味で，テンソル量はベクトル量の拡張となっているのである。

　1章で使った風速というベクトル量を使って，計測の観点からみたテンソル量を説明する。平たい場所はともかく，建物や樹木のある場所では，風速は点ごとに異なる。また，摩擦があるため，地表近くの風速とある高さの風速も異なる。そこで，風速の空間変化という量を考えてみる。計測の観点からみると，ベクトル量である風速は，計測者の座標に依存しない量である。同様に，風速の空間変化も計測者の座標に依存しない量である。風速の計測は，実際はベクトル量の成分を計測することである。計測の基本は，まず方向を一つ決めて，その方向の成分を測ることである。風速を $\vec{V}$，計測の方向の単位ベクトルを $\mathbf{a}$ とすると，計測の基本はつぎのように表すことができる。

$$\vec{V} \mid \mathbf{a} \quad \longrightarrow \quad [\mathbf{a}\text{方向の成分}]$$

$\vec{V}$ は $\mathbf{a}$ をスカラ量である（$\mathbf{a}$ 方向の成分）に対応させるのである。なお，本節ではベクトル量に上矢印の記号を使って，太字で表す単位ベクトルと区別することにする。ベクトル量の計測を表す上式と比べると，風速の空間変化の計測には，風速の成分の方向のほかに，空間変化の方向も必要となる。風速の空間変化を $\vec{T}$ とし，空間変化の方向を $\mathbf{b}$ とすると，上の式にならえば，つぎのようになる。

$$\vec{T} \mid \{\mathbf{a}, \mathbf{b}\} \quad \longrightarrow \quad [\mathbf{a}\text{方向の成分の}\ \mathbf{b}\ \text{方向の変化}]$$

すなわち $\vec{T}$ は $\mathbf{a}$ と $\mathbf{b}$ の組み，すなわち $\{\mathbf{a}, \mathbf{b}\}$ をスカラ量である [$\mathbf{a}$ 方向の成分の $\mathbf{b}$ 方向の変化] という数に対応させるのである。$\mathbf{a}$ と $\mathbf{b}$ はどちらも方向を表す単位ベクトルであるが，$\mathbf{a}$ は風速の成分という LT^{-1} の物理次元[†2]の量の

[†1] 正確には，2階のテンソル量の成分に二つの単位ベクトルを使うように，n 階のテンソル量の成分には n 個の単位ベクトルを使う。

[†2] 本書では，物理次元として，長さ，時間，重さの三つを考え，それぞれ，L，T，M で表す。

4.2 ベクトル量とテンソル量の座標非依存性

方向，b は空間変化という L^{-1} の物理次元の量の方向であり，明確に区別しなければならない。ベクトル量である $\vec{V}$ が一つの単位ベクトルを一つのスカラ量に対応させることと比べると，風速の空間変化という $\vec{T}$ が，二つの単位ベクトルの組みを一つのスカラ量に対応させている。上述のように，単位ベクトルの量が増えているので，$\vec{T}$ はベクトル量を拡張した量であり，テンソル量と呼ばれる（**図 4.1** 参照）。

なお，風速の空間変化というテンソル量が，つぎのような線形性を持つことは明らかである。

(1) 風速の空間変化 $\vec{T}$ と別の風速の空間変化 $\vec{S}$ の和は，$\vec{T}+\vec{S}$ となる
(2) 実数 α 倍の風速の空間変化は，$\alpha\vec{T}$ となる

すなわち，ベクトル量と同様に，テンソル量も線形空間を作る。

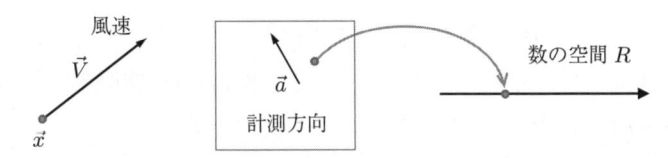

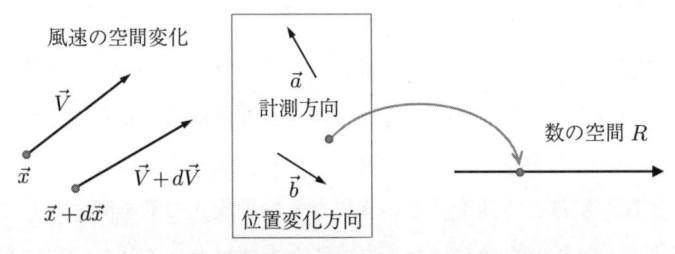

図 4.1 計測の観点からみたベクトル量とテンソル量

4.2　ベクトル量とテンソル量の座標非依存性

ベクトル量は，座標に依存しない量とされている。計測の観点から，これを詳しく説明する。テンソル量も座標に依存しない量であるという意味でも，ベ

クトル量の拡張となっていることの 2 点が重要である。

A という計測者が自分の前後・左右という座標系で風速のベクトル量の成分を計測した場合を考える。別の計測者が，その計測者の前後・左右という座標系で同じ風速のベクトル量の成分を計測すると，座標系が異なるため当然成分の値は異なる。しかし，ベクトル量そのものは同一である。A の座標系の単位ベクトルと成分を $\mathbf{e}_i$ と $[V]$ とし，B の座標系の単位ベクトルと成分を $\mathbf{e}'_i$ と $[V']$ とすると，つぎの式が成立する。

$$\vec{V} = \sum_i V_i \mathbf{e}_i = \sum_i V'_i \mathbf{e}'_i$$

もちろん，V_i と V'_i は $[V]$ と $[V']$ の成分である。$\vec{V}$ は座標に依存しない量である。座標に依存して単位ベクトル $\mathbf{e}_i$ と $\mathbf{e}'_i$ が変わる結果，その成分 V_i と V'_i も座標によって変わるのである。

上式に対応して，計測者 A がテンソル量である風速の空間変化を計測した結果をつぎのように表すことにする。

$$\vec{T} = \sum_{i,j} T_{ij} \mathbf{e}_i \otimes \mathbf{e}_j \tag{4.1}$$

ここで $\otimes$ は**テンソル積**（tensor product）と呼ばれ，$\mathbf{e}_i \otimes \mathbf{e}_j$ は順序がある単位ベクトルの組みを表す。単なる組みではなく順序がある組み[†]ということは，$\mathbf{e}_i \otimes \mathbf{e}_j$ と $\mathbf{e}_j \otimes \mathbf{e}_i$ は異なることを意味している。風速の空間変化を説明したときに，$\mathbf{a}$ と $\mathbf{b}$ が風速と空間変化という異なる物理次元の量を測る方向の単位ベクトルであり，区別しなければならないことを述べた。これを厳密に表すために，テンソル積を使った $\mathbf{e}_i \otimes \mathbf{e}_j$ を導入している。すなわち，$\mathbf{e}_i$ は $\mathbf{a}$ に代わる風速の方向の単位ベクトル，$\mathbf{e}_j$ は $\mathbf{b}$ の代わる空間変化の方向の単位ベクトルであり，順序がある二つのベクトルの組みを意味するのである。テンソル積 $\mathbf{e}_i \otimes \mathbf{e}_j$ の係数であるスカラ量 T_{ij} が，計測で得られた成分である。つぎに，ベクトル

[†] 明確な定義をせずに，ベクトル量 $\mathbf{a}$ と $\mathbf{b}$ の順序のある組みを $\{\mathbf{a},\mathbf{b}\}$ として表記してきた。テンソル積 $\otimes$ を導入することで，順序があるベクトル量の組みは $\mathbf{a} \otimes \mathbf{b}$ として表記される。

4.2 ベクトル量とテンソル量の座標非依存性

量の第2の等式に対応して，AとBの2人の計測者が計測したテンソル量が同一であることを，次式で表す．

$$\sum_{i,j} T_{ij}\, \mathbf{e}_i \otimes \mathbf{e}_j = \sum_{i,j} T'_{ij}\, \mathbf{e}'_i \otimes \mathbf{e}'_j \tag{4.2}$$

$\vec{T}$ が座標に依存しない量であるから，座標に依存して成分は変化するのである．

ベクトル量は座標に依存しない大きさと方向を持つ量である．長さと方向を V と $\mathbf{E}$ とすると，$\vec{V}$ はつぎのように書くことができる．

$$\vec{V} = V\mathbf{E} \tag{4.3}$$

$\mathbf{E}$ を単位ベクトルの一つとする座標系では $\vec{V}$ の非零の成分は当然一つであり，その値が V である．この V は座標に依存しない大きさであり，$\mathbf{E}$ は座標に依存しない方向である．

ベクトル量と同様に，テンソル量も座標に依存しない大きさと方向の組みを持つ量と考えることができる．式 (4.2) にならうと，テンソル量 $\vec{T}$ はつぎのように書くことができる．

$$\vec{T} = T_1\, \mathbf{E}_1 \otimes \mathbf{E}'_1 + T_2\, \mathbf{E}_2 \otimes \mathbf{E}'_2 + T_3\, \mathbf{E}_3 \otimes \mathbf{E}'_3 \tag{4.4}$$

ここで，T_i は座標に依存しない大きさ，$\mathbf{E}_i \otimes \mathbf{E}'_i$ は座標に依存しない方向の組みである．この二つの単位ベクトルの組みに対応した座標系では，$\vec{T}$ の非零の成分は三つとなる．特殊な座標系でのテンソルの表現である式 (4.4) は，特殊な座標系でのベクトルの表現である式 (4.3) に対応している．次章で，式 (4.4) が成立すること，すなわち特殊な座標系が存在することを示す．なお，$T_{ij} = T_{ji}$ や $T'_{ij} = T'_{ji}$ を満たす対称テンソルの場合，$\mathbf{E}_i = \mathbf{E}'_i$ となり，T_i は**主成分** (principal component)，$\mathbf{E}_i$ は主成分方向と呼ばれる．

前節では，ベクトル量にならい，式 (4.1) を使ってテンソル量を計測の観点から定義した．本節では，テンソル量が座標に依存しない量であることを，式 (4.2) として示した．以降，テンソル量の成分である T_{ij} を，数の空間でのテンソルと称することにする．実際の物理量であるベクトル量と，数の空間のベク

トルを区別したように，テンソル量とテンソルを区別するのである。もちろん，両者は対応する。しかし，物理的な現象を数の世界に対応させる観点からは，テンソル量とテンソルを区別することは不可欠である。次章では，テンソル量とテンソルの関係を厳密に示し，テンソルの具体的な数の処理を説明する。

5章 テンソル量とテンソル

◆本章のテーマ

　物理量のベクトル量が数のベクトルに対応するように，物理量のテンソル量は数のテンソルに対応する。テンソルの座標変換やテンソルを使ったテンソル量の座標非依存性を説明する。やや面倒な演算となるが，ベクトル量の勾配がテンソル量に，テンソル量の発散がベクトル量になることを示す。

◆本章の構成（キーワード）

5.1　テンソル量に対応するテンソル
　　　　テンソル積，縮約
5.2　テンソルの座標変換
　　　　テンソル積の縮約，単位ベクトルの数
5.3　テンソル量の座標非依存性
　　　　特殊な座標系，固有ベクトル
5.4　ベクトル量の勾配とテンソル量の発散
　　　　勾配，偏微分，発散

◆本章を学ぶと以下の内容をマスターできます

- ☞　テンソル量を表記するために，テンソル積という記号 $\otimes$ が導入されていること
- ☞　テンソル量の座標非依存性から，テンソルの座標変換が導かれること
- ☞　特殊な座標系を使うと，テンソル量の表現は主成分などを使った簡単な表現となること

5.1 テンソル量に対応するテンソル

前章の式 (4.1) で導入されたテンソル積は，あまり馴染みのない記号であると思われる．これは順序がある二つのベクトルの組みを表す記号である．ただし，二つのベクトルの和 $\mathbf{a}+\mathbf{b}$ を表す記号とも，本書で使っているベクトルの内積 $(\mathbf{a},\mathbf{b})$ を表す記号 (,) とも異なる．すなわち，演算を表す記号ではないのである．誤解を招きやすいが，記号 $\otimes$ を使って表されたベクトルの組みもテンソル積[†]と呼ばれる．本書では，テンソル積を記号として使う場合と，順序があるベクトルの組みという意味で使う場合があることに注意してほしい．

テンソル積の演算として，和やスカラ倍を定義することができる．直観的に納得できる演算で，例えば

$$\mathbf{a}\otimes(\mathbf{b}+\mathbf{c}) = \mathbf{a}\otimes\mathbf{b}+\mathbf{a}\otimes\mathbf{c}, \quad (\mathbf{a}+\mathbf{b})\otimes\mathbf{c} = \mathbf{a}\otimes\mathbf{c}+\mathbf{b}\otimes\mathbf{c}$$

や

$$\mathbf{a}\otimes(\alpha\mathbf{b}) = (\alpha\mathbf{a})\otimes\mathbf{b} = \alpha\mathbf{a}\otimes\mathbf{b}$$

が成立する．ベクトルの内積に対応したテンソル積のつぎの演算は，やや理解が難しいかもしれない．

$$(\mathbf{a}\otimes\mathbf{b}):(\mathbf{c}\otimes\mathbf{d}) = (\mathbf{a},\mathbf{c})(\mathbf{b},\mathbf{d}) \tag{5.1}$$

これは**縮約**（contraction）と呼ばれる．二つのテンソル積から，そのテンソル積を作っているベクトルの内積を使って，スカラを計算するのである．テンソル積を作るベクトルに順序があるため，縮約の計算に使われるベクトルの内積にも順序がある．1 番目のベクトル同士の内積と，2 番目のベクトル同士の内積を計算し，二つの内積の積を縮約の値とするのである．まとめてみると，ベク

[†] より正確には，テンソル積という記号を使って $\mathbf{e}_i\otimes\mathbf{e}_j\otimes\mathbf{e}_k\cdots$ というテンソルを表すことができる．数は多いが順序があるベクトルの組みであることには変わりない．テンソル積に使われたベクトルの数が階数を表す．すなわち $\mathbf{e}_i\otimes\mathbf{e}_j$ は 2 階の，$\mathbf{e}_i\otimes\mathbf{e}_j\otimes\mathbf{e}_k$ は 3 階のテンソルとなる．2 階のテンソルに関して示される和・スカラ倍・縮約という演算は，高階のテンソルにそのまま拡張することができる．

トル量の計測に内積が使われるように，テンソル量の計測に縮約が使われ，縮約の演算は内積の演算を拡張したものとなっている．なお，単位ベクトルのテンソル積の縮約として，つぎの式が成立する．

$$(\mathbf{e}_i \otimes \mathbf{e}_j) : (\mathbf{e}_k \otimes \mathbf{e}_l) = \begin{cases} 1 & (i = k \text{ かつ } j = l \text{ のとき}) \\ 0 & (\text{その他}) \end{cases}$$

例えば，$\mathbf{e}_i$ が3次元空間の直交する単位ベクトルである場合，単位ベクトルのテンソル積 $\mathbf{e}_i \otimes \mathbf{e}_j$ は9個作れるが，縮約という演算に関してこの9個のテンソル積は直交することになる．

式 (5.1) で定義された縮約を使うと，式 (4.1) で示されたテンソル量の定義から，テンソル量の成分はつぎのように計算できることがわかる．

$$T_{ij} = \mathbf{T} : (\mathbf{e}_i \otimes \mathbf{e}_j) \tag{5.2}$$

縮約を使った成分の計算式は，内積を使ったベクトル量の成分の計算式 $v_i = (\mathbf{v}, \mathbf{e}_i)$ に対応している．以下，簡単のため，テンソル量も太字を使って表すこととする．すなわち，$\vec{T}$ を $\mathbf{T}$ に換える．

ベクトル量 $\mathbf{v}$ の計測が，ベクトル量 $\mathbf{v}$ と単位ベクトル $\mathbf{e}_i$ との内積を使った成分の計算に対応することと同様に，テンソル量 $\mathbf{T}$ の計測は，式 (5.2) によって表記される．すなわち，テンソル量 $\mathbf{T}$ と単位ベクトルから作られるテンソル積 $\mathbf{e}_i \otimes \mathbf{e}_j$ との縮約を使った成分の計算に対応する．繰返しであるが，式 (5.2) の右辺のテンソル積 $\mathbf{e}_i \otimes \mathbf{e}_j$ を作る単位ベクトルの順序は重要である．$\mathbf{e}_i$ は風速の方向，$\mathbf{e}_j$ は空間変化の方向に対応する単位ベクトルとなっているからである．

5.2　テンソルの座標変換

前章で説明した式 (4.2) は，テンソル量が座標に依存しないため，その成分が座標に依存することを示している．そして，縮約を使った式 (5.2) がこの成分

の計算方法を示している．この二つの式を使うと，テンソル量の成分の座標変換を導くことができる．計測という観点からみれば，ベクトル量と同様に，テンソル量に対しても座標変換は定義からの帰結となる．この観点からは，座標変換は法則ではないのである．もちろん，テンソル量の成分の座標変換が法則であると考えることもできる．しかし，本書では，具体的な線形空間の量を抽象的な数の空間に対応させるという意味での計測を基盤としているため，線形空間の量と計測方法が定義されると，座標変換は定義の帰結として自然に導かれるのである．

テンソル量の成分の座標変換は，式 (5.2) の右辺の $\mathbf{T}$ に

$$\mathbf{T} = \sum T'_{ij} \mathbf{e}'_i \otimes \mathbf{e}'_j$$

を代入することで導かれる．和と縮約の順番を交換することで，つぎの式が得られる．

$$\left(\sum_{p,q} T'_{pq} \mathbf{e}_p \otimes \mathbf{e}_q \right) : (\mathbf{e}_i \otimes \mathbf{e}_j) = \sum_{p,q} T'_{pq} (\mathbf{e}_p, \mathbf{e}_i) (\mathbf{e}_q, \mathbf{e}_j)$$

すなわち

$$T_{ij} = \sum_{p,q} (\mathbf{e}_i, \mathbf{e}'_p) (\mathbf{e}_j, \mathbf{e}'_q) T'_{pq} \tag{5.3}$$

となる．なお，下添え字 i と j はプライム（ ' ）の付いていない量，p と q はプライムの付いている量に使われている．

テンソル積の縮約を使うことで，ベクトル量の計測をテンソル量の計測に拡張し，座標変換がその帰結として導けることがわかった．テンソル積に使われる単位ベクトルの数を増やすだけで，別のテンソルを定義し，その計測を定式化することもできる．例えば，風速の空間変化というテンソル量に対する空間変化，という量である．このようなテンソルの座標変換は，テンソル積に用いられる単位ベクトルの数が増えるにつれて，数式処理が面倒になっていく．しかし，この数式処理には，テンソル積を作る単位ベクトルの内積とその積が使

われるだけで，けっして複雑ではない。これは，内積と積という演算以上に複雑な演算を使わないという意味である。面倒であることは確かだが，テンソルの成分の座標変換は複雑ではないのである。

5.3 テンソル量の座標非依存性

ベクトル量には，式 (4.3) が示すように，一つの成分を除いて他の成分がすべて 0 となる特殊な座標系がある。これを言い換えると，ベクトル量は座標系によらない長さと方向を持つということになる。同様に，前章において，テンソル量に対しても式 (4.4) が示すような特殊な座標系があることも紹介した。この座標系でも，テンソル量の成分はほとんどが 0 となる。本節では，テンソル量に対してこのような特殊な座標系が実際に存在することを示す。

テンソルの成分 T_{ij} を使ったマトリクスを $[T]$ とし，つぎの対称マトリクス $[R]$ を作る。

$$[R] = [T]^T [T] \quad \left(R_{ij} = \sum_k T_{ki} T_{kj} \right)$$

上添え字 T はマトリクスの転置をとることを意味する。対称マトリクスであるから $[R]$ はたがいに直交する**固有ベクトル**（eigenvector）を持つ。これを $[E^i]$ とする。固有ベクトル $[E^i]$ と $[T]$ の積をつぎのように書く。

$$[T][E^i] = T_i [E'^i]$$

ただし，$[E'^i]$ は単位ベクトルである。$i \neq j$ のとき，固有ベクトル $[E'^i]$ と $[E'^j]$ はつぎの式を満たす。

$$\begin{aligned}
(T_i [E'^i])^T (T_j [E'^j]) &= ([T][E^i])^T ([T][E^j]) \\
&= [E^i]^T ([T]^T [T]) [E^j] \\
&= [E^i]^T [R] [E^j] = 0
\end{aligned}$$

すなわち，$\{[E^i]\}$ と同様に，$\{[E'^i]\}$ はたがいに直交するのである．この直交する固有ベクトル $\{[E^i]\}$ と $\{[E'^i]\}$ を使うと，マトリクス $[T]$ はつぎのように表すことができる．

$$[T] = \sum_i T_i \, [E'^i] \, [E^i]^T \tag{5.4}$$

ここで，T_i は $[T][E^i] = T_i [E'^i]$ で計算される．二つのたがいに直交する単位ベクトル $\{[E^i]\}$ と $\{[E'^i]\}$ を使うことで，マトリクスを三つの成分 T_i で表すことができる．なお，式 (5.4) からただちに，$[R] = [T]^T[T]$ はつぎのように計算される．

$$[R] = \sum_i (T_i)^2 \, [E^i] \, [E^i]^T$$

$[R]$ の固有値は，じつは $(T_i)^2$ だったのである．$[T]$ を左から $[T]^T$ にかけて作られる $[L] = [T][T]^T$ も対称マトリクスとなるが，これもつぎのように表すことができる．

$$[L] = \sum_i (T_i)^2 \, [E'^i] \, [E'^i]^T$$

$[R]$ と $[L]$ は同じ固有値 $\{(T_i)^2\}$ を持つ対称マトリクスであり，その固有ベクトルが $[E^i]$ と $[E'^i]$ なのである．

テンソル量 $\mathbf{T}$ に対する特殊な座標系は，固有ベクトル $\{[E^i]\}$ と $\{[E'^i]\}$ に対応する座標系である．この座標系の単位ベクトルを $\mathbf{E}^i$ と $\mathbf{E}'^i$ とすると，式 (5.4) から式 (4.4) が導かれる．実際，テンソル量 $\mathbf{T}$ を書き直すと，つぎのようになる．

$$\mathbf{T} = T_1 \mathbf{E}'^1 \otimes \mathbf{E}^1 + T_2 \mathbf{E}'^2 \otimes \mathbf{E}^2 + T_3 \mathbf{E}'^3 \otimes \mathbf{E}^3 \tag{5.5}$$

これは式 (4.4) と一致する．もちろん $\mathbf{T}$ が対称の場合，次式となる．

$$\mathbf{T} = T_1 \mathbf{E}^1 \otimes \mathbf{E}^1 + T_2 \mathbf{E}^2 \otimes \mathbf{E}^2 + T_3 \mathbf{E}^3 \otimes \mathbf{E}^3 \tag{5.6}$$

対称の場合, T_i が主成分, $\mathbf{E}^i$ が主成分の方向を与える. 繰返しになるが, ベクトル量が座標によらない長さと方向を持つように, テンソル量は座標によらない長さと方向の組み

$$\{T_i, \mathbf{E}^i \otimes \mathbf{E}'^i\} \qquad (i=1, 2, 3)$$

を持つ[†]のである.

5.4　ベクトル量の勾配とテンソル量の発散

　式の展開は面倒であるが, テンソルの成分の座標変換の具体的な計算を行ってみよう. 最初の対象は, 前章で示した風速の空間変化である. 風速を空間の点を変数とするベクトル関数と考えると, 風速の空間変化はこのベクトル関数の**勾配**（gradient）となる. これを, 記号 ∇ を使って $\nabla\mathbf{V}$ として表す. この $\nabla\mathbf{V}$ はテンソル量となることを示す. このため, $\mathbf{e}_i$ を単位ベクトルとする座標系での $\nabla\mathbf{V}$ の成分を座標変換して, $\mathbf{e}'_i$ を単位ベクトルとする座標系での成分を計算する. 成分が同じ表現となることが示される. $\nabla\mathbf{V}$ の $\mathbf{e}_i$ の座標系での成分は, 次式で与えられる.

[†] テンソル量には, 式 (5.6) とは別の, 座標によらない表現がある. テンソル量 $\mathbf{T}$ の固有ベクトル $\mathbf{e}$ と固有値 t を

$$\mathbf{T}\cdot\mathbf{e} = \lambda\mathbf{e}$$

として定義する. ここで $\mathbf{T}\cdot\mathbf{e}$ は成分 $\sum_j T_{ij}\mathbf{e}_j$ を持つベクトル量で, $\mathbf{T}\cdot\mathbf{e}$ はテンソル量とベクトル量の 1 次の縮約と呼ばれる. $\mathbf{T}$ には三つの固有ベクトルと固有値の組みがあり, これを $\mathbf{e}^i$ と t_i とする. $\{\mathbf{e}^i\}$ は単位ベクトルであるが, たがいに直交しない. しかし

$$(\mathbf{e}^i, \mathbf{e}'^j) = \begin{cases} 1 & (i=j\text{ のとき}) \\ 0 & (\text{その他}) \end{cases}$$

を満たす単位ベクトルの組み $\{\mathbf{e}'^i\}$ がある. この t_i と $\mathbf{e}^i \otimes \mathbf{e}'^i$ の組みを使うと

$$\mathbf{T} = t_1\mathbf{e}^1 \otimes \mathbf{e}'^1 + t_2\mathbf{e}^2 \otimes \mathbf{e}'^2 + t_3\mathbf{e}^3 \otimes \mathbf{e}'^3$$

として表すことができる. テンソル量が対称の場合, もちろん, $\{\mathbf{e}^i\} = \{\mathbf{e}'^i\}$ であり, さらに $\{\mathbf{e}^i\} = \{\mathbf{E}^i\}$ となる.

$$(\nabla \mathbf{V})_{ij} = \frac{\partial V_i}{\partial x_j} \tag{5.7}$$

ベクトル量である $\mathbf{V}$ の成分には，つぎの座標変換が成立する．

$$V_i = \sum_p (\mathbf{e}_i, \mathbf{e}'_p) V'_p$$

$\mathbf{e}_i$ の座標系での変数を x_i，$\mathbf{e}'_i$ の座標系での変数を x'_i とすると，**偏微分** (partial differential) の演算にはつぎの変換が成立する．

$$\frac{\partial}{\partial x_j} = \sum_q \frac{\partial x'_q}{\partial x_j} \frac{\partial}{\partial x'_q}$$

ここで偏微分と単位ベクトルの内積の関係式

$$\frac{\partial x'_q}{\partial x_j} = (\mathbf{e}_j, \mathbf{e}'_q)$$

を用いると，偏微分の座標変換はつぎのように計算できる．

$$\frac{\partial V_i}{\partial x_j} = \sum_{p,q} (\mathbf{e}_i, \mathbf{e}'_p) \frac{\partial x'_q}{\partial x_j} \frac{\partial V'_p}{\partial x'_q} = \sum_{p,q} (\mathbf{e}_i, \mathbf{e}'_p)(\mathbf{e}_j, \mathbf{e}'_q) \frac{\partial V'_p}{\partial x'_q}$$

以上のベクトルの成分と偏微分の座標変換を式 (5.7) に代入すると，次式が導かれる．

$$(\nabla \mathbf{V})_{ij} = \sum_{p,q} (\mathbf{e}_i, \mathbf{e}'_p)(\mathbf{e}_j, \mathbf{e}'_q) (\nabla \mathbf{V})'_{pq} \tag{5.8}$$

ここで，右辺の $(\nabla \mathbf{V})'_{pq}$ は

$$(\nabla \mathbf{V})'_{pq} = \frac{\partial V'_p}{\partial x'_q}$$

として計算されている．当然であるが，式 (5.8) の右辺の形式は式 (5.3) の右辺の形式と一致する．すなわち，成分の座標変換が式 (5.3) を満たすため，$\nabla \mathbf{V}$ がテンソル量であることがわかる．

つぎに，テンソル量の**発散** (divergence) を考える．ベクトル量の勾配がテンソル量になるように，テンソル量の発散はベクトル量となる．テンソル量 $\mathbf{T}$

5.4 ベクトル量の勾配とテンソル量の発散

を座標の関数とし,その発散を $(\nabla, \mathbf{T})$ とする.内積の記号を使ったのは,$\mathbf{T}$ の発散の成分が,$\mathbf{e}_i$ を単位ベクトルとする座標系では,次式で計算されるからである.

$$(\nabla, \mathbf{T})_j = \sum_i \frac{\partial T_{ij}}{\partial x_i} \tag{5.9}$$

発散の成分そのものを座標変換し,さらにテンソルの成分と偏微分をそれぞれ単位ベクトルを使って座標変換すると

$$\sum (\mathbf{e}'_q, \mathbf{e}_j)(\nabla, \mathbf{T})_j = \sum (\mathbf{e}'_q, \mathbf{e}_j)(\mathbf{e}'_p, \mathbf{e}_i)(\mathbf{e}'_r, \mathbf{e}_j)(\mathbf{e}'_s, \mathbf{e}_i)\frac{\partial T'_{pr}}{\partial x'_s}$$

$$= \sum \frac{\partial T'_{pq}}{\partial x'_p}$$

が得られる.ここで

$$\sum_i (\mathbf{e}'_p, \mathbf{e}_i)(\mathbf{e}'_q, \mathbf{e}_i) = (\mathbf{e}'_p, \mathbf{e}'_q) = \begin{cases} 1 & (p = q \text{ のとき}) \\ 0 & (p \neq q \text{ のとき}) \end{cases}$$

が使われている.したがって,$(\nabla, \mathbf{T})_j$ を座標変換することで,$\mathbf{e}'_i$ を単位ベクトルとする座標系の成分

$$(\nabla, \mathbf{T})'_q = \sum_i \frac{\partial T'_{pq}}{\partial x'_q} \tag{5.10}$$

が導かれた.下添え字 p と q を i と j に変えれば,式 (5.10) は,$\mathbf{e}_1$-$\mathbf{e}_2$-$\mathbf{e}_3$ の座標系で書かれた式 (5.9) を $\mathbf{e}'_1$-$\mathbf{e}'_2$-$\mathbf{e}'_3$ の座標系に換えた表現と一致する.したがって,確かにテンソル量の発散はベクトル量であることがわかる.

ベクトル量の勾配がテンソル量,テンソル量の発散がベクトル量となることは,$\mathbf{e}_i$ を単位ベクトルとする座標系において ∇ をつぎのように書くことで,簡単に理解できる.

$$\nabla = \sum_i \frac{\partial}{\partial x_i} \mathbf{e}_i \tag{5.11}$$

すなわち,∇ を,偏微分 $\partial/\partial x_i$ を成分とするベクトル量と考えるのである.もちろん,$\mathbf{e}'_i$ の座標系では,この ∇ の成分は $\partial/\partial x'_i$ である.∇ をベクトル量と

考えれば，ベクトル量 $\mathbf{V}$ の勾配 $\nabla \mathbf{V}$ は ∇ と $\mathbf{V}$ のテンソル積であり，テンソル量 $\mathbf{T}$ の発散 $(\nabla, \mathbf{T})$ は ∇ と $\mathbf{T}$ の内積†であることは自然である．したがって，$\nabla \mathbf{V}$ と $(\nabla, \mathbf{T})$ の成分が，座標系が異なっても同じ形式で計算されることは，当然の結果であると考えることもできる．

演習問題

〔5.1〕 ベクトル量 $\mathbf{v}$ の計測誤差

$$E^v = (\mathbf{v} - \mathbf{v}^*, \mathbf{v} - \mathbf{v}^*)$$

を最小化することでベクトル $[v]$ が得られるのと同様に，テンソル量 $\mathbf{T}$ の計測誤差

$$E^T = (\mathbf{T} - \mathbf{T}^*) : (\mathbf{T} - \mathbf{T}^*)$$

を最小化することでテンソル $[T]$ が得られる．最小化の結果，テンソルの成分が $T_{ij} = \mathbf{T} : (\mathbf{e}_i \otimes \mathbf{e}_j)$ となることを示せ．なお，$\mathbf{T}$ は計測対象のテンソル量であり，$\mathbf{T}^*$ は未知の T_{ij} を使った $\mathbf{T}^* = \sum T_{ij} \mathbf{e}_i \otimes \mathbf{e}_j$ である．

〔5.2〕 2次元空間において，直交する単位ベクトル $\mathbf{e}_1$ と $\mathbf{e}_2$ を使った座標系で，2階のテンソル量 $\mathbf{T}$ を測ると

$$[T] = \begin{bmatrix} 1 & 0 \\ 0 & 2 \end{bmatrix}$$

となった．原点を中心に $\mathbf{e}_i$ を 60°回転して得られる $\mathbf{e}'_i$ の座標系において $\mathbf{T}$ を計測した場合の，テンソル $[T']$ を求めよ．

〔5.3〕 2階のテンソル量 $\mathbf{T}$ のトレース $\mathrm{tr}(\mathbf{T}) = \sum_i T_{ii}$ が不変量となることを確認せよ．不変量とは，座標によらず同一の値となる量である．

〔5.4〕 2階のテンソル量 $\mathbf{A}$ と $\mathbf{B}$ の縮約 $\mathbf{A} : \mathbf{B}$ が不変量となることを確認する．
(1) 基底 $\{\mathbf{e}_i\}$ を用いて $\mathbf{A} : \mathbf{B}$ を成分で書き下せ．
(2) 別の基底 $\{\mathbf{e}'_i\}$ を用いて $\mathbf{A} : \mathbf{B}$ を成分で書き下せ．これが (1) で得られた量と一致することを確認せよ．

---

† 式 (5.9) に示すように，$(\nabla, \mathbf{T})$ は，最初の下添え字に関して和がとられている．内積と称するより，1次の縮約と称するほうが混乱を招かない．

演習問題

[**5.5**] 本文 5.3 において $[L] = [T][T]^T$ が $\sum_i (T_i)^2 [E'_i][E'_j]^T$ となることを，つぎの手順に従って示せ．

1) $[L]$ の固有ベクトルを $[e_i]$ とし，$[e_i]$ と $[T]^T$ の積を

$$[T]^T [e_i] = T'_i [e'_i]$$

と書く．ここで，$[e'_i]$ は単位ベクトルである．このとき，単位ベクトル $[e'_i]$ がたがいに直交することを示せ．

2) $T'_i = T_i$, $[e_i] = [E'_i]$, $[e'_i] = [E_i]$ となることを示せ．

3) $[L] = \sum_i (T_i)^2 [E'_i][E'_j]^T$ となることを示せ．

第III部

微分方程式

6章 微分方程式の基礎

◆本章のテーマ

　線形，定数係数，そして1次の微分方程式を使って，未知の関数を決める方程式である微分方程式を説明する。数列・多項式・指数関数を使った標準的な解法を示し，得られる解の性質を示す。1次の微分方程式が基礎であり，これを拡張することで高次の微分方程式を解くことができることも示す。

◆本章の構成（キーワード）

6.1 微分方程式の概要
　　初期条件，初期値問題
6.2 微分方程式の解法
　　近似，差分近似，オイラーの公式
6.3 微分方程式の解の性質
　　線形，非線形，安定，不安定
6.4 微分方程式の拡張
　　ベクトル関数

◆本章を学ぶと以下の内容をマスターできます

☞　微分方程式は未知の関数を決める方程式であること
☞　線形・定数係数の微分方程式を解く方法があること
☞　微分方程式の解の性質から，大まかな解の挙動がわかること

6.1　微分方程式の概要

　一般に，方程式は未知数を一つ含んだ式を意味し，方程式を解くことは未知数を求めることである。方程式を拡張することで，複数の未知数を含む複数の式という連立方程式が考えられる。連立方程式を解くことは，すべての未知数を求めることである。それでは，**微分方程式**（differential equation）とはどのような式であろうか。本書では微分方程式を，未知の関数を含み，ある領域で成立する式という意味で用いる。未知数に代わって未知の関数が微分方程式に含まれる。もちろん，関数の微係数も微分方程式に含まれる。微分方程式は一つであっても，その式が成立するのは，未知の関数の変数が適当な領域にあるときである。すなわち，領域のすべての変数に対して式が成立するため，微分方程式はきわめて多くの条件を関数と微係数に課すのである。微分方程式を解くことは，領域のすべての変数に対する関数の値，すなわち関数そのものを求めることである。

　微分方程式の例として，時間変化する価値を考える。時間を t，価値を時間の関数 R とする。価値の時間変化は現在の価値に比例することを仮定する。この仮定はつぎの微分方程式となる。

$$\frac{\mathrm{d}R}{\mathrm{d}t}(t) = c\,R(t) \qquad (t > 0) \tag{6.1}$$

ここで c は正の定数であり，その物理次元は $[\mathrm{T}^{-1}]$ である。時間 t は変数であり，この変数の領域として $t > 0$ が考えられている。未知の関数 R とその微係数を含むため，式 (6.1) は微分方程式となっている。

　微分方程式を解くことで，未知の関数 R を求めることができる。変数の領域は $t > 0$ であるから，将来を予測することができる。式 (6.1) が成立する限り，どのような未来であっても R の値を予測することができるのである。しかし，微分方程式 (6.1) の解は一つではない。解を一つに決めるためには，一つの条件が必要である。領域 $t > 0$ の境界となる $t = 0$ での関数の値を指定することが条件として使われる。

$$R(t) = R_0 \qquad (t = 0) \tag{6.2}$$

R_0 の値は既知である。通常，式 (6.2) を**初期条件** (initial condition) と呼び，微分方程式と初期条件を組み合わせた問題を**初期値問題** (initial value problem) と呼ぶ。なお，本章で示す解法は正確には初期値問題の解法であるが，簡単のため，微分方程式の解法と称することにする。

6.2　微分方程式の解法

式 (6.1) は $t > 0$ のすべての t で成立している。例えば，等間隔 Δt で時間をとると，そのすべての $t = n\,\Delta t$ で式が成立しているのである。この点を利用すると，$t = n\,\Delta t$ での R の値 $R(n\,\Delta t)$ を，近似的に計算することができる。簡単のため，$r_n = R(n\,\Delta t)$ とする。微分は

$$\frac{\mathrm{d}R}{\mathrm{d}t}(t) = \lim_{\Delta t \to 0} \frac{R(t+\Delta t) - R(t)}{\Delta t}$$

という極限で計算されるが，Δt を 0 とする極限をとらなければ微分の近似となる。これを利用して $t = n\,\Delta t$ での $\dfrac{\mathrm{d}R}{\mathrm{d}t}$ を，つぎのように近似する。

$$\frac{\mathrm{d}R}{\mathrm{d}t}(n\,\Delta t) \approx \frac{R(n\,\Delta t + \Delta t) - R(n\,\Delta t)}{\Delta t} = \frac{r_{n+1} - r_n}{\Delta t}$$

これは，微分の**差分** (finite difference) 近似と呼ばれる。差分近似を使うと，式 (6.1) から未知の r_n に対するつぎの連立方程式を導くことができる。

$$\frac{r_{n+1} - r_n}{\Delta t} = c\,r_n$$

すなわち

$$r_{n+1} = (1 + c\,\Delta t)\,r_n \qquad (n = 0, 1, \cdots)$$

である。上式から $\{r_n\}$ は等比数列であることがわかる。初期条件 (6.2) から $r_0 = R_0$ となるため，この等比数列はつぎのように決定される。

$$r_n = R_0 \left(1 + c\Delta t\right)^n$$

等比数列 $\{r_n\}$ が未知の関数の値 $R(n\Delta t)$ の近似解となるのである。なお，$\{r_n\}$ は差分近似を使って得られた数列であるが，この数列が Δt を 0 にする極限でどこに収束するかは，興味のある問題である。この極限は簡単に計算することができる。Δt を 0 にする際，$n\Delta t$ の値を t として固定する。すなわち，n は $\dfrac{t}{\Delta t}$ として Δt が 0 に近づくときに無限大にするのである。この極限で r_n の収束先を計算すると，つぎのようになる。

$$\lim_{\Delta t \to 0} r_n = \lim_{\Delta t \to 0} R_0 \left(1 + c\Delta t\right)^{t/\Delta t} = R_0 \exp(ct)$$

後述するように，$R = R_0 \exp(ct)$ は初期値問題の解析解である。差分近似をして得られた近似解は，Δt を小さくしていくことで，この解析解に近づくのである。

つぎに，R を t の未知の多項式と考え，多項式の未知の係数を求めることにする。すなわち，未知の関数である R を，つぎのように仮定するのである。

$$R(t) = a_0 + a_1 t + a_2 t^2 + \cdots$$

もちろん，a_0 などが未知の係数である。式 (6.1) が $t > 0$ のすべての t で成立することを利用する。多項式で近似された R とその微係数を式 (6.1) に代入すると，両辺が t の多項式で与えられることになる。二つの多項式が $t > 0$ のすべての t で一致することから，多項式の係数は一致しなければならない。左辺の t^n の係数は $(n+1)a_{n+1}$，右辺の t^n の係数は $c a_n$ であるから，次式を得る。

$$(n+1)a_{n+1} = c a_n$$

初期条件 (6.2) から $a_0 = R_0$ となる。したがって，等比数列ではないものの，a_n を帰納的に求めることができる。すなわち

$$a_n = \frac{c^n}{n!} R_0$$

である。この結果，未知の関数 R はつぎの多項式として得られることになる。

$$R(t) = \sum_{n=0}^{} \frac{c^n}{n!} R_0 \, t^n = \sum_{n=0}^{} \frac{1}{n!} R_0 \, (ct)^n$$

多項式の項数は特に定めていなかったが，項数を N として，この N を無限大にすると，すなわち上式の和を無限大にすると，右辺の多項式はつぎの指数関数に収束する．

$$\lim_{N\to\infty} \sum_{n=0}^{N} \frac{1}{n!} R_0 \, (ct)^n = R_0 \exp(ct)$$

数列による解法と同様に，多項式を使った解法も，項数を無限大にする極限では微分方程式の解析解を与えることになる．

　最後に標準的な解法を示す．式 (6.1) の微分方程式は定数係数の微分方程式と呼ばれる．関数と微係数の係数が定数であり，関数と微係数の線形和で与えられる式という意味である．重要なのは，定数係数の微分方程式が成立するためには，関数とその微係数が同じ関数形でなければならないという点である．三角関数や指数関数は微分しても関数形が変わらないため，定数係数の微分方程式の解の候補となる．この点を利用し，指数関数を使って式 (6.1) を解くことにする．より正確には，未知の定数 λ と A を含む $A \exp(\lambda t)$ を使う．未知の関数を求めるという微分方程式の問題を，関数形を指数関数と仮定し，未知の定数 λ と A を求める問題に置き換えたのである．$R = A \exp(\lambda t)$ を式に代入すると，次式を得る．

$$A\lambda \exp(\lambda t) = cA \exp(\lambda t)$$

この式を $t > 0$ で満たす λ は，もちろん $\lambda = c$ である．しかし，定数 A はこの式からは決定できない．$R = A \exp(ct)$ が微分方程式の解として得られただけである．定数 A を決めるためには，初期条件 (6.2) を利用する．実際，$A = R_0$ が得られる．以上より，つぎの解を求めることができる．

$$R(t) = R_0 \exp(ct) \tag{6.3}$$

定数係数の微分方程式では，未知の定数を持つ指数関数を使って解を求めるこの方法が標準的な解法である．

古典的な知識であるが，複素数を使った指数関数はつぎのように計算される．

$$\exp(\imath\theta) = \cos(\theta) + \imath \sin(\theta) \tag{6.4}$$

この式は**オイラーの公式**（Euler's formula）と呼ばれる．複素数を使わなければならないが，指数関数と三角関数は同じように扱うことができることを意味している[†]．本章の例では，未知の定数 λ が複素数となる場合，指数関数の代わりに三角関数を使っても，解を求めることができるのである．

6.3 微分方程式の解の性質

6.1 節で考えた微分方程式を若干変更し，微分方程式の解の性質を考えてみる．式 (6.1) の右辺をつぎのように変更する．

$$\frac{dR}{dt}(t) = c\,R(t)\left(1 - \frac{R(t)}{A_1}\right) \qquad (t > 0) \tag{6.5}$$

式 (6.1) と記号は同じである．すなわち，c は物理次元 T^{-1} を持つ正の定数であり，A_1 は定数である．初期条件は式 (6.2) を使う．すなわち $R(0) = R_0$ である．

二つの微分方程式，式 (6.1) と式 (6.5) は，形は似ているが，前者が**線形**（linear）であるのに対し，後者は**非線形**（nonlinear）である．式 (6.1) が線形であるとは，関数 $R(t)$ と $S(t)$ が解のときに，和 $R(t) + S(t)$ やスカラ倍 $\alpha\,R(t)$ も解となることを意味している．非線形とは，和やスカラ倍がつねに解とはならないことを意味する．

線形の定数係数微分方程式と異なり，非線形微分方程式の解析解を求めることは難しい．しかし，微分方程式 (6.5) はつぎのように変数と関数を分離できるので，解析解を求めることができる．

$$\left(\frac{1}{R(t)} + \frac{1}{A_1 - R(t)}\right) dR = c\,dt$$

[†] 一方，3 章で示したフーリエ級数展開やその拡張であるフーリエ変換は，この逆に，三角関数の代わりに複素数を含んだ指数関数を使うこともできる．問題に応じて，三角関数と指数関数を使い分けることが望まれる．

両辺を積分する．右辺を 0 から t まで積分する場合，初期条件を使うと，左辺は $R(0) = R_0$ から $R(t)$ まで積分することになる．この結果

$$\ln\left(\frac{R(t)}{R_0}\frac{A_1 - R_0}{A_1 - R(t)}\right) = ct$$

が得られる．式を変形すると，つぎの解が得られる．

$$\frac{R(t)}{R_0}\frac{A_1 - R_0}{A_1 - R(t)} = \exp(ct) \tag{6.6}$$

$t = 0$ のとき，両辺は 1 であり，確かに等号が成立する．$c > 0$ であるから，t とともに右辺は増加する．そして，R は A_1 に急速に近づくことになる．もとの微分方程式 (6.5) に戻って式 (6.6) で与えられた解の性質を考えてみる．右辺が 0 の場合，R の時間変化は 0 である．すなわち，$R(t) = 0$ と $R(t) = A_1$ という一定値をとる関数は微分方程式 (6.5) の解である．もちろん，この二つの解は初期条件を満たさないので，初期値問題の解ではない．しかし，式 (6.6) で与えられた解は，$R(t) = A_1$ という微分方程式の解に近づくという性質がある．

微分方程式 (6.5) の一定値をとる二つの解の性質を調べてみる．最初に初期値 R_0 が 0 に近い場合を考える．R も 0 に近いため $1 - \dfrac{R}{A_1} \approx 1$ という近似ができる．そして，式 (6.5) はつぎのように近似できる．

$$\frac{dR}{dt}(t) = c\,R(t)$$

前節の結果と初期条件 (6.2) を使うと，この近似された微分方程式の解は次式で与えられる．

$$R(t) = R_0 \exp(ct)$$

したがって，$R_0 > 0$ であれば，$R(t)$ は指数関数の速さで増大する．逆に $R_0 < 0$ であれば，$R(t)$ は指数関数の速さで減少することになる．いずれにせよ，$R(t) = 0$ という解から指数関数の速さで離れることになる．

つぎに，初期値 R_0 が A_1 に近い場合，すなわち $R - A_1$ が 0 に近い場合を考える．A_1 が定数であるから $R - A_1$ を t の関数と考えると，式 (6.5) はつぎのように近似できる．

$$\frac{\mathrm{d}}{\mathrm{d}t}(R-A_1)(t) = -c\,(R-A_1)(t)$$

この解は次式で与えられる．

$$(R-A_1)(t) = (R_0 - A_1)\exp(-ct)$$

$c>0$ であるから，$R_0 - A_1$ の正負によらず，右辺は指数関数の速さで 0 に近づいていく．すなわち，R は $R(t) = A_1$ という解に近づくのである．

以上を整理すると，つぎの意味で，微分方程式の一定値をとる二つの解のうち，$R(t)=0$ は不安定，$R(t)=A_1$ は安定であることが判定できる．

(1) $R(t) = 0$：初期値 $R_0 > 0$ であれば増加，$R_0 < 0$ であれば減少するため，この解に近づくことはない

(2) $R(t) = A_1$：初期値 R_0 によらず，つねにこの解に近づく

したがって，もとの初期値問題において，初期値 R_0 が $0 < R_0 < A_1$ であれば，R は R_0 から増加して A_1 に近づく．この曲線をロジスティック曲線と呼ぶ．なお，$R_0 > A_1$ であれば R は減少して A_1 に近づく．$R_0 < 0$ であれば R は減少して負の無限大に近づく（図 **6.1** 参照）．

微分方程式 (6.5) をさらに拡張し，右辺が R の非線形の関数で与えられる場合を考える．非線形関数を F としたつぎの微分方程式である．

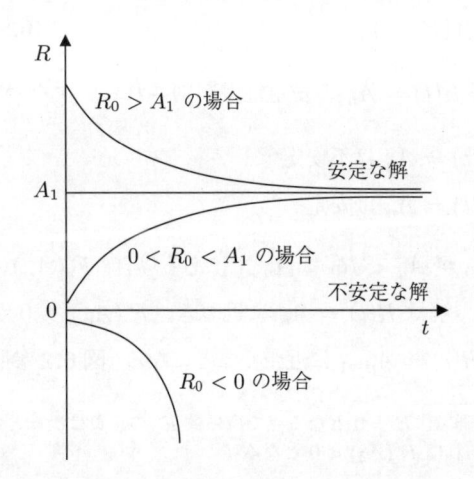

図 **6.1** 一定値をとる解が安定な場合の初期値問題の解の挙動

$$\frac{dR}{dt}(t) = F(R(t)) \qquad (t > 0) \tag{6.7}$$

初期条件 (6.2),すなわち $R(0) = R_0$ が与えられたとき,この初期値問題を正確に解くことは難しいが,解の大まかな挙動を調べることはできる.前節にならうと,R が一定値をとる関数の中で,右辺を 0 とする関数は非線形方程式 (6.7) の解である.この一定値をとる解の安定・不安定を調べることで,初期値から出発した R がどの一定値をとる関数に近づくかがわかるのである.記号を整理する.非線形方程式

$$F(A) = 0$$

の解を A_n $(n = 1, 2, \cdots)$ とすると,一定値をとる関数 $R(t) = A_n$ は微分方程式の解となる.この解の安定・不安定を調べればよい.

R が A_n に近い場合を考える.つまり $R - A_n$ が 0 に近い場合である.関数 $F(R)$ を A_n の近くで**テイラー展開**(Taylor expansion)するとつぎのようになる.

$$F(R) = F(A_n) + F'(A_n)(R - A_n) + \cdots \approx F'(A_n)(R - A_n)$$

ここで,$F(A_n) = 0$ を使い,$R - A_n$ の 2 次以上の項を無視して右辺を近似している.$R - A_n$ を t の関数とみなし,式 (6.7) をつぎのように近似する.

$$\frac{d}{dt}(R - A_n)(t) = F'(A_n)(R - A_n) \tag{6.8}$$

係数 $F'(A_n)$ の正負によって解 $R(t) = A_n$ の安定性が判別される.すなわち

$$F'(A_n) > 0 \text{ のとき } R(t) = A_n \text{ は不安定}$$
$$F'(A_n) < 0 \text{ のとき } R(t) = A_n \text{ は安定}$$

となる.したがって,初期値 R_0 が $A_n < R_0 < A_{n+1}$ にある場合,$F'(A_n) < 0$ かつ $F'(A_{n+1}) > 0$ であれば[†],解は $R(t) = A_n$ に近づき,$F'(A_n) > 0$ かつ $F'(A_{n+1}) < 0$ であれば,解は $R(t) = A_{n+1}$ に近づくことになる(図 **6.2** 参照).

[†] F が滑らかな関数であれば,通常,$F = 0$ となる点で微係数 F' の正負は次々と変わる.例えば,$F'(A_1) > 0$ であれば $F'(A_2) < 0$ となる.

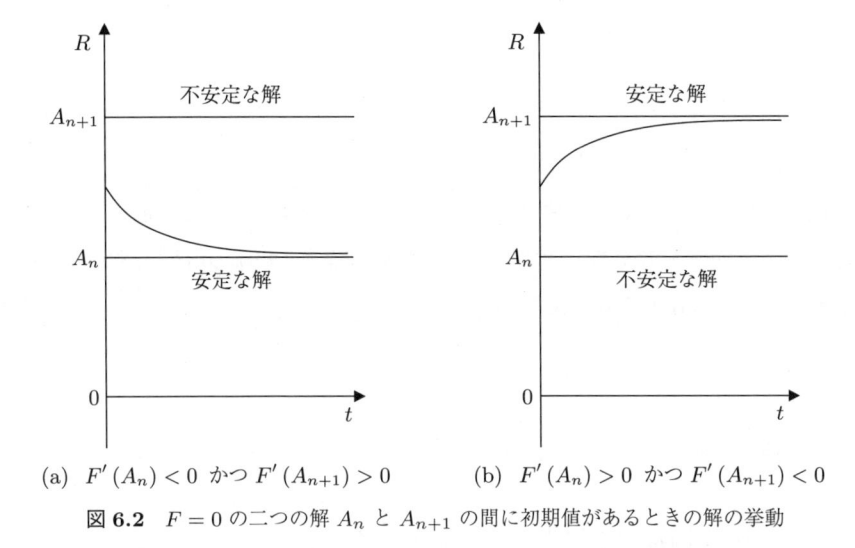

(a) $F'(A_n) < 0$ かつ $F'(A_{n+1}) > 0$　　(b) $F'(A_n) > 0$ かつ $F'(A_{n+1}) < 0$

図 **6.2** $F = 0$ の二つの解 A_n と A_{n+1} の間に初期値があるときの解の挙動

6.4　微分方程式の拡張

　微分方程式の別の拡張として，高次の微分が含まれる場合を考える．最も簡単な場合は，式 (6.7) の左辺に 2 次の微係数を加えたつぎの微分方程式である．

$$\rho \frac{\mathrm{d}^2 R}{\mathrm{d}t^2}(t) + \frac{\mathrm{d}R}{\mathrm{d}t}(t) = F(R(t)) \qquad (t > 0) \tag{6.9}$$

ここで ρ は T の物理次元を持つ定数である．関数 u と v を

$$u(t) = R(t), \quad v(t) = \frac{\mathrm{d}R}{\mathrm{d}t}(t)$$

のように定義すると，2 次の微分方程式 (6.9) は，1 次の連立微分方程式に置き換えることができる．

$$\frac{\mathrm{d}}{\mathrm{d}t} \begin{bmatrix} u \\ \rho v \end{bmatrix} = \begin{bmatrix} v \\ -v + F(u) \end{bmatrix} \qquad (t > 0) \tag{6.10}$$

以下，左辺の関数をベクトル関数と呼ぶ．式 (6.10) はベクトル関数の 1 次の非線形微分方程式である．

簡単のため, $\rho = 1$ と $F(0) = 0$ を仮定する。一定値をとるベクトル関数

$$\begin{bmatrix} u \\ v \end{bmatrix}(t) = \begin{bmatrix} 0 \\ 0 \end{bmatrix} \quad (t > 0)$$

は微分方程式 (6.10) の解であることが, ただちにわかる。この一定値をとる解の安定・不安定を考えることで, もとの微分方程式 (6.9) の解の大まかな挙動がわかる。$u = 0$ の近くでは, $F(u)$ を

$$F(u) = F(0) + F'(0)\,u + \cdots \approx F(0) + F'(0)\,u$$

として近似できるため, 式 (6.10) をつぎのように近似する。

$$\frac{d}{dt}\begin{bmatrix} u \\ v \end{bmatrix}(t) = \begin{bmatrix} 0 & 1 \\ F'(0) & -1 \end{bmatrix}\begin{bmatrix} u \\ v \end{bmatrix}$$

形は複雑であるが, 上式は, ベクトル関数とマトリクスの積がベクトル関数の微係数を与えることを意味している。定数係数の微分方程式と同様に, ベクトル関数とその微係数が同じ関数形であることが示唆される。そこで

$$\begin{bmatrix} u \\ v \end{bmatrix} = \begin{bmatrix} A \\ B \end{bmatrix} \exp(\lambda t)$$

と仮定する。ここで, λ は未知の定数, $[A, B]^T$ は未知のベクトルである。未知のベクトル関数を求める問題を, 未知の λ と $[A, B]^T$ を求める問題に置き換えたのである。仮定された $[u, v]^T$ を近似された微分方程式に代入すると

$$\lambda \begin{bmatrix} A \\ B \end{bmatrix} = \begin{bmatrix} 0 & 1 \\ F'(0) & -1 \end{bmatrix}\begin{bmatrix} A \\ B \end{bmatrix}$$

もしくは

$$\begin{bmatrix} \lambda & -1 \\ -F'(0) & \lambda + 1 \end{bmatrix}\begin{bmatrix} A \\ B \end{bmatrix} = \begin{bmatrix} 0 \\ 0 \end{bmatrix}$$

6.4 微分方程式の拡張

が導かれる。したがって λ はつぎの式を満たす[†1]ことになる。

$$\lambda^2 + \lambda - F'(0) = 0$$

これは2次方程式であり，λ には二つの解がある。おのおのの解に対して $\lambda A - B = 0$ が成立するため，$[A, B]$ をつぎのように決定することができる。

$$\begin{bmatrix} A \\ B \end{bmatrix} = C \begin{bmatrix} 1 \\ \lambda \end{bmatrix}$$

ここで，C は未定の係数である。

一定値をとる $[u, v](t) = [0, 0]$ という微分方程式の解の安定・不安定は，仮定された関数 $\exp(\lambda t)$ の λ の正負で決まる。例えば，$F'(0) = -2/9$ の場合

$$\lambda = -\frac{1}{3}, \quad \lambda = -\frac{2}{3}$$

が解となり，どちらも負であるため，t が大きくなるにつれて関数は 0 に収束することになる。すなわち，λ の2次方程式の解を $\lambda_{1,2}$ とすると

$$\Re\{\lambda_1\} > 0 \text{ または } \Re\{\lambda_2\} > 0 \text{ のとき } \begin{bmatrix} u \\ v \end{bmatrix}(t) = \begin{bmatrix} 0 \\ 0 \end{bmatrix} \text{ は不安定}$$

$$\Re\{\lambda_1\} < 0 \text{ かつ } \Re\{\lambda_2\} < 0 \text{ のとき } \begin{bmatrix} u \\ v \end{bmatrix}(t) = \begin{bmatrix} 0 \\ 0 \end{bmatrix} \text{ は安定}$$

となる。なお，2次方程式の解は複素数となることがあるので，実部を指す記号 $\Re$ を使っている[†2]。2次方程式の解は

[†1] この λ と λ によって決まる $[A, B]^T$ は，つぎのマトリクスの固有値と固有ベクトルである。

$$\begin{bmatrix} 0 & 1 \\ F'(0) & -1 \end{bmatrix}$$

[†2] 式 (6.4) のオイラーの公式より

$$\exp(\lambda t) = \exp(\Re\{\lambda\})\left(\cos(\Im\{\lambda\}t) + i\sin(\Im\{\lambda\}t)\right)$$

であり，括弧の項の絶対値はつねに1であるから，λ の虚部 $\Im\{\lambda\}$ は解の安定・不安定には寄与しないことがわかる。

$$\lambda_{1,2} = -\frac{1}{2} \pm \sqrt{\frac{1}{4} + F'(0)}$$

であるから，この判定に従うと，$[u,v]^T = [0,0]^T$ は $F'(0) > 0$ であれば不安定，$F'(0) < 0$ であれば安定となる（図 **6.3** 参照）[†]。

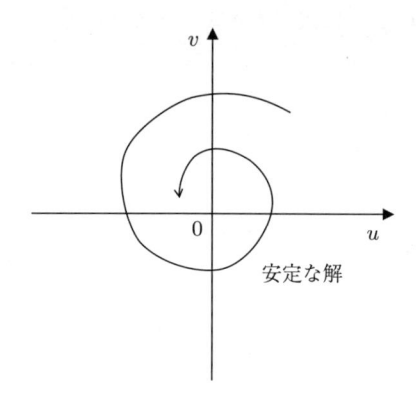

図 **6.3**　安定な解があるときの 2 次元 u-v 平面における解の挙動の例

演習問題

〔**6.1**〕つぎの微分方程式を考える．

$$\frac{\mathrm{d}y}{\mathrm{d}x}(x) = \frac{2-y}{1-x} \qquad (x > 0)$$

y が x のべき乗の多項式の形を持つと仮定して，この微分方程式を求めよ．境界条件は $y(0) = y_0$ とする．

〔**6.2**〕つぎの 2 次の微分方程式を 1 次の連立微分方程式に変換し，一般解を求めよ．一般解は任意の定数を含む解である．

$$\frac{\mathrm{d}^2 y}{\mathrm{d}x^2}(x) - 3\frac{\mathrm{d}y}{\mathrm{d}x}(x) + 2y(x) = 0 \qquad (x > 0)$$

[†]　厳密には，$F'(0) = -1/4$ のとき $\lambda_1 = \lambda_2 = -1/2$ となり，$\exp(-1/2\,t)$ という関数とは別に，$t\exp(-1/2\,t)$ という関数も解となる．もちろんこの関数も 0 に収束するので，$[u,v]^T = [0,0]^T$ は安定となる．

7章 常微分方程式

◆本章のテーマ

常微分方程式を例に使って，数値計算で微分方程式を解くための基礎となる知識を整理する。

◆本章の構成（キーワード）

7.1 関数の離散化
　　　離散化，線形性
7.2 微分作用素の離散化
　　　微分作用素

◆本章を学ぶと以下の内容をマスターできます

☞　関数の線形空間である関数空間を導入することで，微分方程式の未知の関数は未知のベクトルと対応すること
☞　微分方程式の微分作用素をマトリクスに対応させることで，微分方程式がマトリクス方程式になること

7.1 関数の離散化

　一般に，微分方程式を使った問題は数値計算によって解く．本章で考える微分方程式は，解析解を求めることができる**常微分方程式**（ordinary differential equation）ではなく，変数が複数の偏微分方程式や，未知の関数が複数含まれる連立微分方程式，さらには非線形の微分方程式である．未知の関数が定義される領域が複雑な形状をしている場合や，境界に複雑な条件が与えられている場合もある．計算科学の進歩により，多くの微分方程式を数値計算によって解くことができるようになっている．

　コンピュータは数の演算のみを行う．関数そのものを扱うことはできないため，関数を数，正確には数のベクトルに対応させ，コンピュータは演算を行うことになる．すでに説明したように，線形空間である関数空間を数の空間と同一視し，関数をベクトルに対応させた上で演算を行う．関数をベクトルに対応させることを，本章では関数の**離散化**（discretization）と呼ぶ．さらに，コンピュータには微分方程式をそのまま解く機能はない．微分方程式の微分演算子をマトリクスに対応させ，関数の微分方程式をベクトルのマトリクス方程式として解くことになる．前章で説明した微分方程式の解法は，未知数を使った適当な関数を解として仮定し，微分方程式から未知数を決める方程式を導き，この方程式を解いて未知数を決め解を求める，という手順であった．離散化による解法は，この手順を拡張したものである．すなわち，適当な関数空間を設定し，未知の関数に適当な数のベクトルを対応させ，微分方程式に対応するマトリクス方程式を導き，このマトリクス方程式を解くことで数のベクトル，すなわち未知の関数を決めるのである．例えば，前章では，多項式を要素とする関数空間や，指数関数を要素とする関数空間が使われている．離散化を適当に選ぶことで，微分方程式を，対角マトリクスを使う簡易なマトリクス方程式に変換することもできる．

　関数の離散化の例として，フーリエ級数展開が説明されている．本章は，より抽象的な離散化を説明する．最初に適当な関数空間 S を考え，その要素であ

7.1 関数の離散化

る関数 u を考える。変数は x である。本書で考える関数の離散化は，つぎの形式で与えられる。

$$u(x) = \sum_{\alpha=1}^{N} u^{\alpha} \phi^{\alpha}(x) \tag{7.1}$$

ここで，u^{α} は離散化の係数であり，次式で計算される。

$$u^{\alpha} = \int_{V} \phi^{\alpha}(x) u(x) \, dx \quad (\alpha = 1, 2, \cdots, N) \tag{7.2}$$

積分の領域 V は S の関数が定義された領域である。ϕ^{α} は S の基底であり，後述する条件を満たす適当な関数である。N 個の基底が使われているため，S は R^N と同一視することができる。すなわち

$$u(x) \quad \rightarrow \quad [u] = \begin{bmatrix} u^1 \\ u^2 \\ \vdots \\ u^N \end{bmatrix}$$

となる。

式 (7.1) の離散化は，つぎの意味で線形である。

(1) v の離散化を $[v]$ とすると，関数 $u+v$ の離散化は $[u+v] = [u] + [v]$ である

(2) α を実数とすれば，αu の離散化は $[\alpha u] = \alpha [u]$ である

関数がベクトル関数になっても，また，1 変数関数ではなく多変数関数であっても，関数の離散化に関しては上の線形性が成立する。

フーリエ級数展開は，正弦関数を道具として，自然現象や社会現象を表す関数の計測であることを説明した。式 (7.1) の離散化も同様に，基底の組み $\{\phi^{\alpha}\}$ を使って関数空間 S の要素である関数 u を計測することになる。この計測のために，つぎの誤差を使う。

$$E^u = \int_{V} (u(x) - u^*(x))^2 \, dx \tag{7.3}$$

ここで，u は計測の対象となる関数であり，u^* は未知の係数を使った式 (7.1) の右辺の関数である。すなわち

$$u^*(x) = \sum_{\alpha=1}^{N} u^\alpha \phi^\alpha(x)$$

である。微分と積分の順序を交換することで，$[u]$ の成分 u^α の多変数関数となる E^u の微係数は，つぎのように計算される。

$$\frac{\partial E^u}{\partial u^\alpha} = \int_V 2(u(x) - u^*(x))(-\phi^\alpha(x)) \, dx$$

基底が

$$\int_V \phi^\alpha(x)\phi^\beta(x) \, dx = \begin{cases} 1 & (\alpha = \beta \text{のとき}) \\ 0 & (\alpha \neq \beta \text{のとき}) \end{cases} \tag{7.4}$$

を満たす場合，E^u を最小とする条件，すなわち微係数が 0 となる条件から，次式が導かれる。

$$\int_V \phi^\alpha(x) \, u(x) \, dx - u^\alpha = 0$$

これは式 (7.2) と同じ式である。式 (7.4) は基底の直交性と呼ばれる。

基底が直交性 (7.4) を満たす場合，離散化係数の計算は簡単である。しかし，直交性を満たす基底を見つけることは容易ではない。基底が直交でない場合，$\partial E^u / \partial u^\alpha = 0$ からは次式が導かれる。

$$\int_V \phi^\alpha(x) \, u(x) \, dx - \sum_\beta T_{\alpha\beta} u^\beta = 0$$

ここで，$T_{\alpha\beta}$ は

$$T_{\alpha\beta} = \int_V \phi^\alpha(x)\phi^\beta(x) \, dx$$

である。この $T_{\alpha\beta}$ を成分とする $N \times N$ の対称マトリクス $[T]$ が正則であると，逆マトリクス $[T]^{-1}$ を使って，離散化の係数をつぎのように計算することができる。

$$u^\alpha = \sum_\beta T_{\alpha\beta}^{-1} \int_V \phi^\beta(x) \, u(x) \, \mathrm{d}x$$

見通しをよくするため

$$\psi^\alpha(x) = \sum_\beta T_{\alpha\beta}^{-1} \phi^\beta(x)$$

として ψ^α を定義すると,離散化の係数は次式となる.

$$u^\alpha = \int_V \psi^\alpha(x) \, u(x) \, \mathrm{d}x$$

したがって,$\{\phi^\alpha\}$ を基底の組みとして使った離散化では,係数の計算に $\{\psi^\alpha\}$ が使われることになる.定義より,この $\{\phi^\alpha\}$ と $\{\psi^\alpha\}$ は次式を満たす.

$$\int_V \phi^\alpha(x)\phi^\beta(x) \, \mathrm{d}x = \begin{cases} 1 & (\alpha = \beta \text{のとき}) \\ 0 & (\alpha \neq \beta \text{のとき}) \end{cases}$$

すなわち,$\{\phi^\alpha\}$ と $\{\psi^\alpha\}$ は直交する基底の組みである.

7.2 微分作用素の離散化

3章のフーリエ級数展開で説明したが,微分方程式は,微分作用素を使った関数の変換と考えることができる.抽象的であるが,つぎの形式の微分方程式を考える.

$$\mathcal{L}[u](x) = f(x) \qquad (x \in V) \tag{7.5}$$

ここで,$\mathcal{L}$ が微分を含む演算を行う微分作用素である.関数 u と f の関数空間を S と F とすると,式 (7.5) は $\mathcal{L}$ によって S の要素が F の要素に変換されることを意味している.なお,u と f は同じ V で定義された関数であるが,物理次元が異なる.このため,所属する関数空間を S と F として区別している.本書では,基底の物理次元を無次元とする[†]ので,離散化の際には同じ基底関数を

[†] 本書では,ベクトル量を測る単位ベクトルも無次元とする.ベクトル量の成分が物理次元を持つと考えるのである.

用いることができる．関数に対応するベクトルはもとの関数と同じ次元を持つので，異なる数の空間に属することになる．

微分作用素 $\mathcal{L}$ が線形である場合を考える．すなわち，関数空間 S の要素 v と実数 α に対して次式が成立する場合である．

$$\mathcal{L}[u+v] = \mathcal{L}[u] + \mathcal{L}[v], \quad \mathcal{L}[\alpha u] = \alpha \mathcal{L}[u]$$

簡単のため，関数空間 S の離散化と同じ基底の組みを使って，関数空間 F の要素を離散化する．すなわち，$\{\phi^\alpha\}$ を使って f をベクトル $[f]$ に対応させるのである．$\mathcal{L}$ の線形性から，$\mathcal{L}[u+v]$ に対応するベクトルは $\mathcal{L}[u]$ と $\mathcal{L}[v]$ に対応するベクトルの和となり，$\mathcal{L}[\alpha u]$ に対応するベクトルは $\mathcal{L}[u]$ に対応するベクトルの α 倍となる．この対応から，u に対応するベクトル $[u]$ と f に対応するベクトル $[f]$ は適当なマトリクスで結ばれていることがわかる．高次の微分のようにどのような複雑な微分演算が $\mathcal{L}$ に含まれていても，線形である限り，$\mathcal{L}$ に対応するマトリクスが存在するのである（図 **7.1** 参照）．

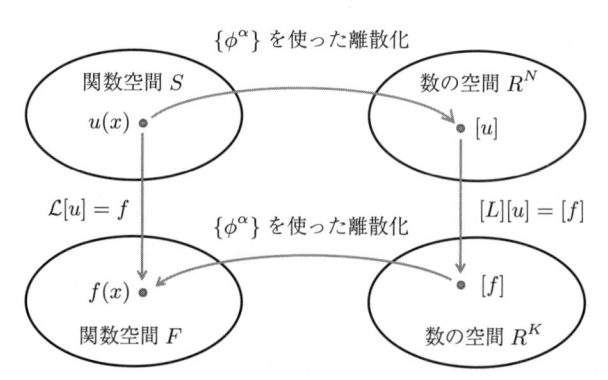

図 **7.1** 微分作用素で変換される関数空間と同一視できる数の空間

上記を要約すれば，関数 u と f の離散化が $[u]$ と $[f]$ として得られる場合，線形微分作用素 $\mathcal{L}$ によって u が f に写像されることに対応して，$[u]$ は適当なマトリクスによって $[f]$ に写像されることになる．微分作用素 $\mathcal{L}$ に対応したマトリクスを $[L]$ とすると，つぎの関係が成立することになる．

7.2 微分作用素の離散化

$$\mathcal{L}[u](x) = f(x) \quad \rightarrow \quad [L][u] = [f]$$

$[L]$ の成分は簡単に計算することができる。基底 $\{\phi^\alpha\}$ を使って計測すればよいのである。すなわち

$$E^L = \int_V \left(\mathcal{L}[\phi^\alpha](x) - \sum_\beta L_{\beta\alpha} \phi^\beta(x) \right)^2 dx \tag{7.6}$$

を最小にする $L_{\beta\alpha}$ が，$[L]$ の成分である。基底に直交性 (7.4) を仮定すると，E^L の微係数は

$$\frac{\partial E^L}{\partial L_{\beta\alpha}} = \int_V 2 \left(\mathcal{L}[\phi^\alpha](x) \, \phi^\beta(x) \right) dx - 2 L_{\beta\alpha}$$

となる。微係数が 0 となることから，$L_{\beta\alpha}$ は次式で決まる。

$$L_{\beta\alpha} = \int_V \mathcal{L}[\phi^\alpha](x) \, \phi^\beta(x) \, dx \tag{7.7}$$

$\mathcal{L}$ が定数係数の微分作用素である場合，$\sin(\alpha x)$ を使うフーリエ級数展開は，基底 ϕ^α としてこの三角関数を使ったことになる。上式の $\mathcal{L}[\phi^\alpha]$ は ϕ^α の定数倍となる。領域 V を適当に選べば，この基底の積分は $\alpha \neq \beta$ のときに 0 となり，基底は直交する。基底の直交性により $[L]$ が**対角マトリクス**（diagonal matrix）となるのである。

微分方程式 (7.5) を，微分作用素 $\mathcal{L}$ を用いた関数空間 S から関数空間 F への変換として説明した。微分方程式を解くとは，この逆の変換[†]を求めることである。式 (7.1) に示すように，基底 $\{\phi^\alpha\}$ を選択したことで，u と $[u]$ は 1 対 1 に対応する。この結果，微分作用素 $\mathcal{L}$ がマトリクス $[L]$ に対応し，関数 $f = \mathcal{L}[u]$ に対応するベクトル $[f] = [L][u]$ が決まるのである。$[L]$ が正則であれば，$[f]$ から $[u]$ への対応も唯一となる。なお，一般に微分方程式の解は唯一ではなく，初期条件や境界条件を課して解である関数を一つ決定する。関数空間の基底を選択する際，この条件を満たす基底を選択することが必要となる。

関数と同様に，微分作用素を離散化することで，未知の関数を求める線形微分

[†] S から F への変換は唯一であるが，その逆は唯一とは限らない。すなわち，u に対して f は一つだけ決まるが，その逆に，f に対して u が一つだけ決まるとは限らない。これは，$\mathcal{L}[v] = 0$ となるような $v \neq 0$ が存在するかもしれないからである。

方程式はマトリクス方程式に変換される．このマトリクス方程式を解くことで，微分方程式の解を見つけるのである．手順を整理すると，つぎのようになる．

1) 既知の関数 $f(x)$ からベクトル $[f]$ を作る
2) 微分作用素 $\mathcal{L}$ を離散化し，マトリクス $[L]$ を作る
3) $[L]$ の逆マトリクス $[L]^{-1}$ を使って，$[u] = [L]^{-1}[f]$ を計算する
4) $[u]$ を使って，未知の関数 u を決定する

重要なのは，実際の数値計算はすべて，関数と微分作用素を離散化した数のベクトルとマトリクスを使って行われる点である．離散化の道具である基底を適切に選択することで，微分方程式から変換されるマトリクス方程式は簡単なものとなる．定数係数微分方程式をフーリエ級数展開を使って解く場合，微分作用素に対応するマトリクスは対角マトリクスとなる．したがって，微分方程式を変換したマトリクス方程式を解くということはあまり意識されないが，フーリエ級数展開を用いた微分方程式の解法手順は，上述の手順とまったく同じである（図 **7.2** 参照）．

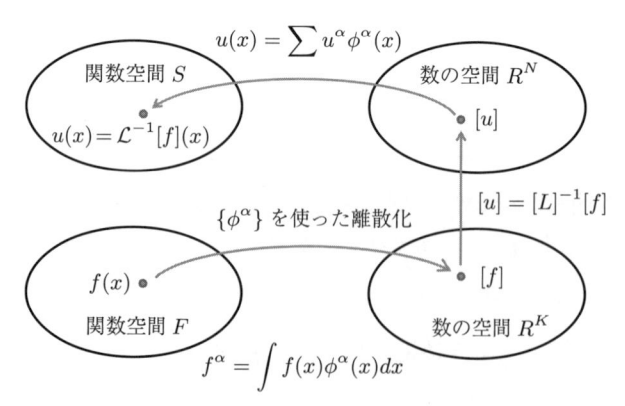

図 **7.2** 数の空間を使った微分方程式の解法の概略

演習問題

[**7.1**] つぎの常微分方程式の解を，以下の手順に従って求めよ．境界条件は $u(0) = u(2\pi) = 0$ とする．

$$\frac{\mathrm{d}^2 u}{\mathrm{d}x^2} = 2\sin(2x) + 3\sin(3x) \qquad (0 < x < 2\pi)$$

1) 基底の組みに $\{\sin(nx)\}$ を用いて，微分方程式の右辺を離散化する．
2) 同じ基底の組みを用いて，線形作用素

$$\mathcal{L}[u] = \frac{\mathrm{d}^2 u}{\mathrm{d}x^2}$$

を離散化する．

3) 2) の結果を用いて，微分方程式の解 u に対応するベクトル $[u]$ を求める．ついで解 u を求める．

8章 偏微分方程式

◆本章のテーマ

　数値計算で常微分方程式を解く方法は，偏微分方程式を解く方法に拡張できることを示す．最初に偏微分方程式の概要を説明し，多変数のフーリエ級数展開を使った解法を説明する．そして，この解法は，じつは関数をベクトルに，偏微分方程式の微分作用素をマトリクスに対応させ，微分方程式をマトリクス方程式として解くという解法であることを示す．

◆本章の構成（キーワード）

8.1　偏微分方程式の概要
　　　　階数，次数
8.2　フーリエ級数展開を使った偏微分方程式の解法
　　　　フーリエ級数展開，境界条件
8.3　関数空間に基づく偏微分方程式の解法
　　　　線形偏微分方程式，線形境界値問題
8.4　グリーン関数
　　　　微分作用素，逆変換

◆本章を学ぶと以下の内容をマスターできます

- 偏微分方程式は未知の多変数関数を決める方程式であること
- 正方形領域の定数係数偏微分方程式は，フーリエ級数展開を使って解けること
- フーリエ級数展開を使った解法は，偏微分方程式をマトリクス方程式に変換させて解く方法であること

8.1 偏微分方程式の概要

前章までで扱った関数は，変数を一つだけ持つ関数，すなわち1変数関数である。1変数関数とその微係数を使う微分方程式を常微分方程式と呼ぶ。一方，物理量の関数は，2次元や3次元の空間，さらには空間と時間のように複数の変数を持つ関数もある。これは多変数関数と呼ばれる。多変数関数の微分，すなわち偏微分を使う微分方程式がある。多変数関数の偏微分を使った微分方程式を**偏微分方程式**（partial differential equation）と呼ぶ。常微分方程式の場合，通常，微係数の最大の階数を常微分方程式の次数と呼ぶ。すなわち，2階の微係数が現れる常微分方程式は，2次の微分方程式である。偏微分方程式の場合も同様に，偏微分の微係数の階数を偏微分方程式の次数と呼ぶ。土木・環境工学の場合，2次の偏微分方程式がよく使われる[†]。

すでに説明したように，常微分方程式の中には解析的に解くことができるものがある。解析解は，土木工学・環境工学を超えて広く理学・工学の分野で重宝されてきた。しかし，常微分方程式が適用できる問題は限られている。物理量の関数は空間と時間を変数とするため，物理法則が偏微分方程式の形をとることは多い。例えば，ニュートンの法則がもとになっている2次元や3次元の物体の運動・変形の問題は，偏微分方程式を支配方程式としている。しかし，常微分方程式と異なり，解析解が見つかっている偏微分方程式は少ない。偏微分を使うことに加え，解析解がないとの理由により，偏微分方程式は面倒な方程式であるとの印象がある。

[†] 土木工学・環境工学で使われる2次の微分方程式は，双曲線型，楕円型，放物線型に大別される。2次元の場合を例にすると，関数 $f(x,y)$ に対して

$$\frac{\partial^2 f}{\partial x^2} - \frac{\partial^2 f}{\partial y^2} = 0 \quad (双曲線型)$$

$$\frac{\partial^2 f}{\partial x^2} + \frac{\partial^2 f}{\partial y^2} = 0 \quad (楕円型)$$

$$\frac{\partial f}{\partial x} - \frac{\partial^2 f}{\partial y^2} = 0 \quad (放物線型)$$

の三つの型である。

線形空間の観点からみれば，変数の数は本質的に重要な問題ではない。1変数関数であろうが多変数関数であろうが，関数空間を数の空間と同一視できることは同じである[†]。この結果，関数をベクトルに対応させることができる。同様に，常微分方程式の微分作用素であれ偏微分方程式の微分作用素であれ，微分作用素が線形であれば，それをマトリクスに対応させることができる。もちろん，偏微分方程式の微分作用素は偏微分を含む。線形であれば，前章までに説明した常微分方程式の解法と本質的に同じ方法で，偏微分方程式を解くことができるのである。すなわち，多変数関数をベクトルに，偏微分方程式の線形微分作用素をマトリクスに対応させて，数の空間を使って関数空間の問題を解くのである。

8.2 フーリエ級数展開を使った偏微分方程式の解法

例として，つぎの偏微分方程式を考える。変数は x と y の二つであり，既知の関数 f が与えられたときに未知の関数 u を求める問題である。

$$\frac{\partial^2 u}{\partial x^2}(x,y) + \frac{\partial^2 u}{\partial y^2}(x,y) = f(x,y) \qquad (0 < x, y < 2\pi) \tag{8.1}$$

常微分方程式と同様に，偏微分方程式の解は唯一とは限らない。例えば，一定値をとる関数は式 (8.1) の左辺を 0 とするため，ある解に一定値を加えた関数はつねに解となる。解を唯一に決めるため，つぎの**境界条件**（boundary condition）を課す。

$$u(x,y) = 0 \qquad (x = 0, \, 2\pi \text{ または } y = 0, \, 2\pi) \tag{8.2}$$

u と f の関数空間を S と F とする。どちらの関数空間でも $0 < x, y < 2\pi$ の正方領域の関数を要素とするが，関数の物理次元が異なるため，関数空間を区別している。境界条件を満たすように，S は正方領域の境界で値が 0 となる関数

[†] 関数空間と同一視できる数の空間の次元は，多変数関数の関数の数に応じて大きくなる。一つの変数を N 個の基底を使って離散化する場合，変数の数が A であれば，数の空間の次元は N^A である。

8.2 フーリエ級数展開を使った偏微分方程式の解法

に制限する。F には明示的な制限は付けない。

偏微分方程式 (8.1) と境界条件 (8.2) からなる境界値問題は，フーリエ級数展開を使って解くことができる。多変数関数のフーリエ級数展開は，1 変数関数のフーリエ級数展開と本質的に同じである。上の境界値問題の場合，2 変数関数 u のフーリエ級数展開はつぎのようになる。

$$u(x,y) = \sum_{n=1}^{N} \sum_{m=1}^{M} u_{nm} \sin(nx) \sin(my)$$

なお，展開の項数は，x については N，y については M としているが，もちろん $N = M$ でもかまわない。フーリエ級数展開の係数 u_{nm} は，つぎのように計算される。

$$u_{nm} = \frac{1}{\pi^2} \int_0^{2\pi} \int_0^{2\pi} u(x,y) \sin(nx) \sin(my) \, dxdy$$

この係数は

$$E^u = \int_0^{2\pi} \int_0^{2\pi} \left(u(x,y) - \sum_{n=1}^{N} \sum_{m=1}^{M} u_{nm} \sin(nx) \sin(my) \right)^2 dxdy$$

として定義される誤差を最小とするものである。誤差は，もとの関数と未知の係数を使って展開された関数の差の 2 乗を領域 $0 < x, y < 2\pi$ で積分したものである。誤差は u_{nm} の多変数関数であるから，各変数の偏微分が 0 となることで，係数の値が計算される。なお，$\{\sin(nx)\}$ と $\{\sin(my)\}$ はおのおの直交するため，$\sin(nx)\sin(my)$ も $0 < x, y < 2\pi$ の領域での積分に対して

$$\int_0^{2\pi} \int_0^{2\pi} (\sin(nx)\sin(my))(\sin(kx)\sin(ly)) \, dxdy$$
$$= \int_0^{2\pi} \sin(nx)\sin(my) \, dx \int_0^{2\pi} \sin(kx)\sin(ly) \, dy$$
$$= \begin{cases} \pi^2 & (n = k \text{ かつ } m = l \text{ のとき}) \\ 0 & (\text{その他}) \end{cases}$$

を満たす。したがって，$0 < x, y < 2\pi$ を領域とする関数の関数空間の中で $\{\sin(nx)\sin(my)\}$ を直交基底の組みとして使うことができる。

もとの境界値問題に戻る．右辺の関数 f のフーリエ級数展開が，つぎのように与えられることを仮定する．

$$f(x,y) = \sum_{n=1}^{N} \sum_{m=1}^{M} f_{nm} \sin(nx) \sin(my)$$

同じ正弦関数の組み $\{\sin(nx)\sin(my)\}$ を使った u のフーリエ級数展開を考える．

$$u(x,y) = \sum_{n=1}^{N} \sum_{m=1}^{M} u_{nm} \sin(nx) \sin(my)$$

二つのフーリエ級数展開を式 (8.1) に代入すると，既知の f_{nm} を使って，未知の u_{nm} はつぎのように決定される．

$$u_{nm} = \frac{-1}{n^2 + m^2} f_{nm}$$

すなわち，関数 u は次式で与えられるのである．

$$u(x,y) = \sum_{n=1}^{N} \sum_{m=1}^{M} \frac{-1}{n^2 + m^2} f_{nm} \sin(nx) \sin(my) \tag{8.3}$$

なお，f のフーリエ級数展開[†]の係数 f_{nm} は，つぎのように計算される．

$$f_{nm} = \frac{1}{\pi^2} \int_0^{2\pi} \int_0^{2\pi} f(x,y) \sin(nx) \sin(my) \, dxdy$$

これがフーリエ級数展開を偏微分方程式に適用する標準的な方法である．

8.3 関数空間に基づく偏微分方程式の解法

いままで説明してきたように，フーリエ級数展開は，関数空間 S の要素である関数を適当な次元の数の空間の要素であるベクトルに対応させ，S を数の空

[†] 正確には f をフーリエ級数展開する際に，正弦関数のみを使うことが適当であるとは限らない．例えば，f が正方領域の境界で 0 以外の値をとれば余弦関数も必要になる．この場合，u のフーリエ級数展開に余弦関数を使うことになり，境界条件を満たすために工夫が必要となる．

8.3 関数空間に基づく偏微分方程式の解法

間と同一視する。もちろん，フーリエ級数展開の係数がベクトルであり，関数をベクトルに対応させるのである。少々厳密に議論をするため，点 (x,y) を $\mathbf{x}$，正方領域を $D = \{(x,y) | 0 < x, y < 2\pi\}$ とし，NM 個の基底を

$$\{\phi^\alpha\} = \{\sin(nx)\sin(my)\}$$

とする。もちろん

$$\phi^1(\mathbf{x}) = \sin(1x)\sin(1y), \quad \phi^2(\mathbf{x}) = \sin(1x)\sin(2y)$$

というように，α は (n,m) の組みを並べた順番 $\alpha = N(n-1) + m$ となる。この基底はつぎの直交性を満たす[†]。

$$\int_D \phi^\alpha(\mathbf{x})\,\phi^\beta(\mathbf{x})\,\mathrm{d}\mathbf{x} = \begin{cases} \pi^2 & (\alpha = \beta \text{ のとき}) \\ 0 & (\alpha \neq \beta \text{ のとき}) \end{cases} \tag{8.4}$$

表記を簡単にするため，正方領域での 2 重積分を D での $\mathrm{d}\mathbf{x}$ を使った積分としている。この基底 $\{\phi^\alpha\}$ を使って関数を離散化する。すなわち，数の空間 R^A のベクトルに対応させる。ここで，$A = NM$ である。同様に，微分方程式の左辺の微分作用素も離散化する。$A \times A$ のマトリクスに対応させるのである。

関数 u の離散化は関数の計測に対応するが，具体的にはつぎの誤差を最小化することである。

$$E^u = \int_D (u(\mathbf{x}) - u^*(\mathbf{x}))^2 \, \mathrm{d}\mathbf{x} \tag{8.5}$$

ここで，$u^*(\mathbf{x}) = \sum u^\alpha \phi^\alpha(\mathbf{x})$ であり，誤差 E^u は u^* の未知の係数 u^α の関数である。多変数関数 E^u の微係数は

$$\frac{\partial E^u}{\partial u^\alpha} = \int_D 2(u(\mathbf{x}) - u^*(\mathbf{x}))(-\phi^\alpha(\mathbf{x}))\,\mathrm{d}\mathbf{x}$$

[†] 単位ベクトル $\{\mathbf{e}_i\}$ が与えられたとき，単位ベクトルのテンソル積の組み $\{\mathbf{e}_i \otimes \mathbf{e}_j\}$ は 2 階のテンソル量の基底となる。この基底の組みを $\{\phi^\alpha\}$ と書くと，$\phi^\alpha = \mathbf{e}_i \otimes \mathbf{e}_j$ と $\phi^\beta = \mathbf{e}_k \otimes \mathbf{e}_l$ のとき，$\phi^\alpha : \phi^\beta = (\mathbf{e}_i, \mathbf{e}_k)(\mathbf{e}_j, \mathbf{e}_l)$ である。2 階のテンソルの基底に関する内積の計算方法は，2 変数関数の基底に関する内積の計算方法である式 (8.4) と同じ形式であることがわかる。

$$= -2\left(\int_D u(\mathbf{x})\phi^\alpha(\mathbf{x})\,\mathrm{d}\mathbf{x} - \pi^2 u^\alpha\right)$$

となる。上式の計算では，積分と微分の順序を交換し，基底の直交性 (8.4) を使っている。E^u を最小とする u^α は

$$u^\alpha = \frac{1}{\pi^2}\int_D \phi^\alpha(\mathbf{x})\,u(\mathbf{x})\,\mathrm{d}\mathbf{x} \tag{8.6}$$

である。この係数を使って u がつぎのように離散化される。

$$u(\mathbf{x}) = \sum_\alpha u^\alpha\,\phi^\alpha(\mathbf{x}) \tag{8.7}$$

離散化の係数である A 個の u^α を並べた R^A の要素のベクトルを $[u]$ とする。

すでに説明しているように，微分方程式は微分作用素を使った関数の変換と考えることができる。式 (8.1) の偏微分方程式は形式的につぎのように表すことができる。

$$\mathcal{L}[u](\mathbf{x}) = f(\mathbf{x})$$

ここで，$\mathcal{L}$ はつぎの偏微分作用素である。

$$\mathcal{L}[u](x,y) = \frac{\partial^2 u}{\partial x^2}(x,y) + \frac{\partial^2 u}{\partial y^2}(x,y) \tag{8.8}$$

偏微分作用素 $\mathcal{L}$ は，関数空間 S の要素である関数 u を関数空間 F の要素である関数 f に変換するのであるが，変換は線形である。すなわち，S の他の要素 v と実数 α とに対して

$$\mathcal{L}[u+v] = \mathcal{L}[u] + \mathcal{L}[v], \quad \mathcal{L}[\alpha\,u] = \alpha\mathcal{L}[u]$$

が成立する。したがって，u が R^A の $[u]$ に対応するように，$\mathcal{L}$ は $A \times A$ のマトリクス $[L]$ に対応する。マトリクス $[L]$ の成分 $L_{\alpha\beta}$ は，つぎの誤差を最小化することで決定される。

$$E^L = \int_D \left(\mathcal{L}[\phi^\alpha](\mathbf{x}) - \sum_\beta L_{\beta\alpha}\,\phi^\beta(\mathbf{x})\right)^2 \mathrm{d}\mathbf{x} \tag{8.9}$$

8.3 関数空間に基づく偏微分方程式の解法

多変数関数 E^L の微係数 $\partial E^L/\partial L_{qp}$ は，微分と積分の順序を交換し，基底の直交性を利用することで計算できる．この微係数を 0 とする条件から，マトリクスの成分はつぎのように与えられる．

$$L_{\alpha\beta} = \begin{cases} -(n^2 + m^2) & (\alpha = \beta \text{のとき}) \\ 0 & (\alpha \neq \beta \text{のとき}) \end{cases} \tag{8.10}$$

右辺の n と m は，$\alpha = N(n-1) + m$ から計算される．

以上，関数 u とベクトル $[u]$ が対応するため，この意味で関数空間 S と数の空間 R^A は同一視できる．同様に，偏微分作用素 $\mathcal{L}$ は $A \times A$ のマトリクス $[L]$ に対応するため，$\mathcal{L}[u]$ をベクトル $[L][u]$ に対応させることができる．この二つの対応を使う方法が，線形偏微分方程式ないし線形境界値問題を解く標準的な解法である（**図 8.1** 参照）．すなわち，つぎの手順を踏む．

1) 既知の関数 $f(x)$ からベクトル $[f]$ を作る
2) 微分作用素 $\mathcal{L}$ を離散化し，マトリクス $[L]$ を作る
3) $[L]$ の逆マトリクス $[L]^{-1}$ を使って，$[u] = [L]^{-1}[f]$ を計算する
4) $[u]$ を使って，未知の関数 u を決定する

この結果，偏微分方程式 (8.1) の最終的な解は，つぎのように与えられる．

$$u(\mathbf{x}) = \sum_\alpha \frac{-1}{n^2 + m^2} \left(\frac{1}{\pi^2} \int_D f(\mathbf{y})\, \phi^\alpha(\mathbf{y})\, \mathrm{d}\mathbf{y} \right) \phi^\alpha(\mathbf{x}) \tag{8.11}$$

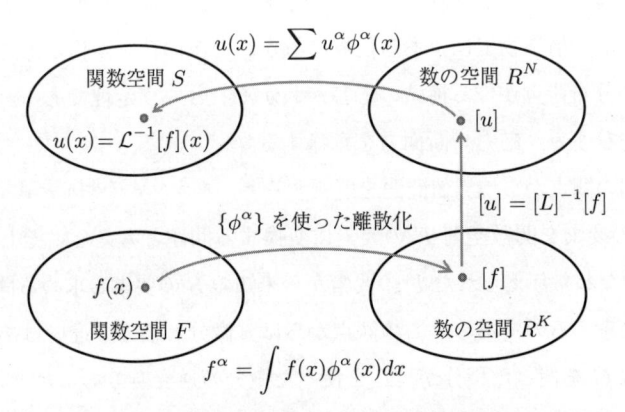

図 8.1 線形境界値問題の標準的な解法の流れ

積分に記号 **y** が用いられているが，これは左辺にも使われる変数 **x** と区別するためである．

8.4 グリーン関数

式 (8.3) と式 (8.11) は同一であるが，表記の仕方は異なっている．後者では，微分作用素 $\mathcal{L}$ を使った関数空間 S を関数空間 F に変換する式として，式 (8.1) を解釈しているためである．式 (8.11) をつぎのように書き換えれば，それは F から S への変換を表す式と解釈できる．

$$u(\mathbf{x}) = \int_D G(\mathbf{x}, \mathbf{y}) f(\mathbf{y}) \, d\mathbf{y} \tag{8.12}$$

ここで，G はつぎの式で与えられる．

$$G(\mathbf{x}, \mathbf{y}) = \sum_\alpha \frac{1}{\pi^2} \frac{-1}{n^2 + m^2} \phi^\alpha(\mathbf{x}) \phi^\alpha(\mathbf{y}) \tag{8.13}$$

この $G(\mathbf{x}, \mathbf{y})$ は**グリーン関数**（Green's function）と呼ばれる．

式 (8.12) の右辺は，つぎのように解釈できる．被積分項は，点 **y** に置かれた $f(\mathbf{y})$ が点 **x** での $u(\mathbf{x})$ に与える寄与分を，$G(\mathbf{x}, \mathbf{y}) f(\mathbf{y})$ として計算する．そして，領域内 D のすべての点 **y** に対して寄与分を積分した結果，$u(\mathbf{x})$ が計算される．これは構造工学の単位荷重の定理と同様である．単位荷重の定理とは，「線形の応答をする構造物では，ある位置に置かれた 1 の荷重が作る応答がわかれば，任意の分布荷重が作る構造の応答がわかる」という定理である．なお，応答は変位やひずみ，応力や断面力を意味する．

線形空間の観点から境界値問題を解釈すると，まず，式 (8.1) と式 (8.2) は関数空間 S の要素を関数空間 F の要素に変換する問題と考える．そしてこの変換の逆，すなわち与えられた F の要素から未知の S の要素を求める問題を，境界値問題と考えるのである．この観点からは，微分と積分の違いはあるが，グリーン関数 G を使った積分が，$\mathcal{L}$ を使った微分の逆変換であると考えられる．すなわち，$\mathcal{L}$ を使った S から F への変換の逆は，G を使った F から S への変

換なのである．逆変換も線形であるため，マトリクスに対応する．すなわち，$\mathcal{L}$ の離散化がマトリクス $[L]$ であるため，この積分演算の離散化は，$[L]$ の逆マトリクス $[L]^{-1}$ である（図 **8.2** 参照）．したがって，式 (8.13) の G はつぎのように書き直すこともできる．

$$G(\mathbf{x}, \mathbf{y}) = \sum_{\alpha,\beta} \frac{1}{\pi^2} L_{\alpha\beta}^{-1} \phi^{\alpha}(\mathbf{x}) \phi^{\beta}(\mathbf{y})$$

なお，境界条件を設定することは重要である．微分作用素 $\mathcal{L}$ を使った S から F への変換には境界条件は不要であるが，F から S への変換を一意的に決めるためには境界条件を設定しなければならない．

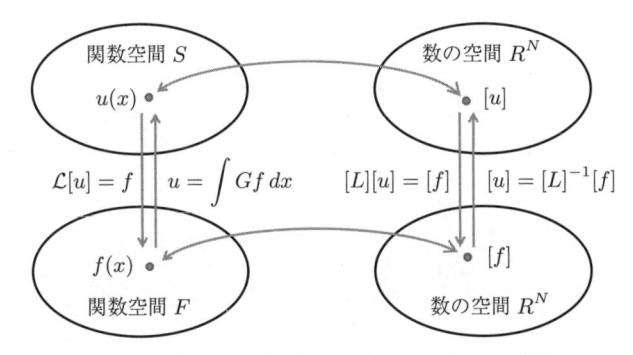

図 **8.2** 微分作用素の逆の変換であるグリーン関数

演 習 問 題

〔**8.1**〕 式 (8.1) の偏微分方程式において，2 変数のフーリエ級数展開を用いた場合に未知の u_{nm} がつぎの式で与えられることを示せ．

$$u_{nm} = \frac{-1}{n^2 + m^2} f_{nm}$$

ここで，f_{nm} は f を 2 変数のフーリエ級数展開した際の係数である．

〔**8.2**〕 式 (8.9) の E^L を使って，$L_{\alpha\beta}$ による微係数が 0 となる条件から $L_{\alpha\beta}$ を計算し，式 (8.10) を導け．なお，$\phi^{\alpha} = \sin(nx)\sin(my)$ とする．$\sin(nx)$ と $\sin(my)$ の総数を N とすると，$\alpha = N(n-1) + m$ である．

第 IV 部

数値計算の話題

9章 マトリクス方程式の解法

◆本章のテーマ

　土木・環境工学では，解いている数理問題がマトリクス方程式の解を求める問題や，固有値を求める問題に帰着することが多い。マトリクスの次元が大きい場合，解析的にこのような問題を解くことは現実的ではない。本章では，この二つの問題を数値計算で解く方法について概説する。

◆本章の構成（キーワード）

9.1　1次のマトリクス方程式の解法
　　　　直接法，定常反復法，非定常反復法
9.2　固有値問題の解法
　　　　べき乗法，逆べき乗法

◆本章を学ぶと以下の内容をマスターできます

☞　マトリクス方程式の数値解法である直接法と反復法
☞　固有値問題の数値解法であるべき乗法

9.1　1次のマトリクス方程式の解法

本節では1次の**マトリクス方程式**(matrix equation)

$$[A][x] = [f]$$

を数値的に解く方法†について概説する。ここで，$[A]$ は $n \times n$ の既知マトリクス，$[x]$ は n 次元の未知ベクトル，$[f]$ は n 次元の既知ベクトルである。数値解法には

(1) マトリクス方程式のマトリクスの形状を陽に解ける形に変形し，直接正解を求める直接法

(2) 適当な反復アルゴリズムを用いて，$|([f]-[A][x]^*)|/|[f]|$ が十分小さくなるまで近似解 $[x]^*$ を更新し，近似解を求める**反復法**(iterative method)

がある。さらに，反復法は，そのアルゴリズム内で用いる変数が変化しない定常反復法と，変化する非定常反復法に大別される。

9.1.1　直　接　法

直接法としてよく知られているものとして，ガウスの消去法や LU 分解がある。よほど性質の悪いマトリクス方程式でない限り，例外なく解を求めることができる利点がある。反面，次元数 n が大きくなるにつれて，計算量が膨大となる欠点がある。

ガウスの消去法の具体的な手続きを説明する。簡単のため，マトリクス方程式を以下のように成分表示する。

$$\begin{bmatrix} a_{11} & a_{12} & a_{13} & \cdots & a_{1n} \\ a_{21} & a_{22} & a_{23} & \cdots & a_{2n} \\ a_{31} & a_{32} & a_{33} & \cdots & a_{3n} \\ \vdots & \vdots & \vdots & \ddots & \vdots \\ a_{n1} & a_{n2} & a_{n3} & \cdots & a_{nn} \end{bmatrix} \begin{bmatrix} x_1 \\ x_2 \\ x_3 \\ \vdots \\ x_n \end{bmatrix} = \begin{bmatrix} f_1 \\ f_2 \\ f_3 \\ \vdots \\ f_n \end{bmatrix} \quad (9.1)$$

---

† マトリクス方程式の数値解法は，求解（solver）と呼ばれる。

ここで, a_{ij}, x_i, f_i は $[A]$ の (i,j) 成分, $[x]$ の i 成分, $[f]$ の i 成分である。ガウスの消去法では, 以下のように $[A]$ を上三角行列に変形する。このようにすることで, 下の行から順に未知数 x_i を決定し, 逐次上の行に代入していくだけで解を求めることができる。

$$\begin{bmatrix} * & * & * & \cdots & * \\ & * & * & \cdots & * \\ & & * & \cdots & * \\ & 0 & & \ddots & \vdots \\ & & & & * \end{bmatrix} \begin{bmatrix} * \\ * \\ * \\ \vdots \\ * \end{bmatrix} = \begin{bmatrix} * \\ * \\ * \\ \vdots \\ * \end{bmatrix}$$

具体的には, 式 (9.1) において, $a_{11} \neq 0$ と仮定して, 第 1 行に $-a_{i1}/a_{11}$ をかけて, 第 i 行に加えると

$$\begin{bmatrix} a_{11} & a_{12} & a_{13} & \cdots & a_{1n} \\ & a_{22}^1 & a_{23}^1 & \cdots & a_{2n}^1 \\ & a_{32}^1 & a_{33}^1 & \cdots & a_{3n}^1 \\ & \vdots & \vdots & \ddots & \vdots \\ & a_{n2}^1 & a_{n3}^1 & \cdots & a_{nn}^1 \end{bmatrix} \begin{bmatrix} x_1 \\ x_2 \\ x_3 \\ \vdots \\ x_n \end{bmatrix} = \begin{bmatrix} f_1 \\ f_2^1 \\ f_3^1 \\ \vdots \\ f_n^1 \end{bmatrix}$$

の形になる。ここで

$$a_{ij}^1 = a_{ij} - \frac{a_{i1}a_{1j}}{a_{11}}, \quad f_i^1 = f_i - \frac{a_{i1}f_1}{a_1 1}$$

である。この処理を第 $n-1$ 行まで繰り返すことにより

$$\begin{bmatrix} a_{11} & a_{12} & a_{13} & \cdots & a_{1n} \\ & a_{22}^1 & a_{23}^1 & \cdots & a_{2n}^1 \\ & & a_{33}^2 & \cdots & a_{3n}^2 \\ & & & \ddots & \vdots \\ & & & & a_{nn}^{n-1} \end{bmatrix} \begin{bmatrix} x_1 \\ x_2 \\ x_3 \\ \vdots \\ x_n \end{bmatrix} = \begin{bmatrix} f_1 \\ f_2^1 \\ f_3^2 \\ \vdots \\ f_n^{n-1} \end{bmatrix}$$

の形になる。ここで

9.1 1次のマトリクス方程式の解法

$$a_{ij}^n = a_{ij}^{n-1} - \frac{a_{in}^{n-1}a_{nj}^{n-1}}{a_{nn}^{n-1}}, \quad f_i^n = f_i^{n-1} - \frac{a_{in}^{n-1}f_n^{n-1}}{a_{nn}^{n-1}}$$

である．この処理を**前進消去**（forward elimination）と呼ぶ．なお，(i,i) 成分，すなわち対角項が0になると，この処理は破綻する．この場合，より下方の i 列が0でない行と i 行を入れ替えることにより，破綻を回避する．これを**ピボット**（pivot）選択と呼ぶ．前進消去のあとの処理は，まず

$$x_n = \frac{f_n^{n-1}}{a_{nn}^{n-1}}$$

を求め，以下，逐次的に x_{n-1}, x_{n-2} の順で x_n を求める．例えば

$$x_{n-1} = \frac{f_{n-1}^{n-2} - a_{n-1n}^{n-2}x_n}{a_{n-1n-1}^{n-2}}$$

である．x_k を計算する際，第 k 式に x_n から x_{k+1} の値を代入することになるため，この処理を**後退代入**（backward substitution）と呼ぶ．

前進消去と後退代入のガウスの消去法では，計算量は n^3 のオーダ，必要な計算機メモリは n^2 のオーダとなる．大きな n に対しては計算コストが膨大になる．特に対象行列が疎行列の場合，ガウスの消去法は非効率であり，計算過程でつねに0になる行列成分は計算から除外するなどして，計算量と必要な計算機メモリを削減する工夫が必要となる．

9.1.2 定常反復法

定常反復法としてよく知られているアルゴリズムとして，ヤコビ（Jacobi）法，ガウス-ザイデル（Gauss–Seidel）法，SOR（successive over relaxation）法などがある．これらの方法では，まず $[A][x] = [f]$ を同値な

$$[x] = [B][x] + [c]$$

に変形する．この $[B]$ は反復マトリクスと呼ばれる．$[c]$ は $[f]$ などを使って決まるベクトルである．つぎに，適当な初期値 $[x^1]$ から始めて

$$[x^{k+1}] = [B] \, [x^k] + [c]$$

として解を更新する。ここで，$[x^k]$ は k 回目の近似解である。

具体的にヤコビ法とガウス-ザイデル法を説明する。ヤコビ法では $[A]$ から対角項のみを抽出したマトリクス $[D]$，対角項を除いた上三角部分と下三角部分を抽出し符号を変えたマトリクス $[R]$ と $[L]$ を使い，$[A] \, [x] = [f]$ を

$$[x] = [D]^{-1} \left(([R] + [L]) \, [x] + [f] \right) \tag{9.2}$$

と変形する。すなわち，$[B] = [D]^{-1} ([R] + [L])$ と $[c] = [D]^{-1} [f]$ である。ガウス-ザイデル法では，$[A] \, [x] = [f]$ を

$$[x] = ([D] - [L])^{-1} ([R] \, [x] + [f]) \tag{9.3}$$

と変形する。すなわち，$[B] = ([D] - [L])^{-1} [R]$ と $[c] = ([D] - [L])^{-1} [f]$ である。両者の違いは，k 回目と $k+1$ 回目の近似解を使うと，明瞭に示すことができる。

ヤコビ法　　　　　$[D] \, [x^{k+1}] = [R] \, [x^k] + [L] \, [x^k] + [f]$

ガウス-ザイデル法　$[D] \, [x^{k+1}] = [R] \, [x^k] + [L] \, [x^{k+1}] + [f]$

すなわち，右辺第2項が異なる。ガウス-ザイデル法では更新された解を用いるので，ヤコビ法よりも収束が早まる可能性がある。

ガウス-ザイデル法で得られる解を変形することにより，さらに収束性を高めようとしたアルゴリズムとして SOR 法がある。具体的には，$1 < \omega < 2$ を満たすパラメータ ω を使って

$$\begin{cases} [x^{*k+1}] = ([D] - [L])^{-1} \left([R] \, [x^k] + [f] \right) \\ [x^{k+1}] = [x^k] + \omega \left([x^{*k+1}] - [x^k] \right) \end{cases} \tag{9.4}$$

として近似解を更新する。ここで，ω は加速パラメータと呼ばれ，$\omega = 1$ であれば SOR 法はガウス-ザイデル法と一致する。$\omega > 1$ の場合，$[x^{*k+1}]$ による解の改善効果が拡大される可能性がある。しかし，最適な収束率をもたらす ω

を前もって設定することは，一般に難しい。定常反復法は，アルゴリズムが容易で適用しやすい一方，概して収束が遅く，また解に収束しないこともある。

9.1.3 非定常反復法

非定常反復法の簡単な手法に，**共役勾配法**（conjugate gradient method）がある。これは，$[A]$ が正定値対称マトリクスの場合に適用可能な解法である。一般に，定常反復法に比べて非定常反復法のほうが収束は速く，$[A]$ の性質によるが，共役勾配法の収束性も高い。また，数値計算上の誤差がなければ，n 次元の方程式の解が高々 n 回の反復で得られることが保証されていることも，共役勾配法の特徴の一つである。特に $[A]$ が疎行列の場合，直接法に比べて計算量が顕著に少なくなるため，高次元のマトリクスを使うマトリクス方程式の数値解法には，共役勾配法や，それをもとにした解法が使用されることが多い。

共役勾配法の定式化を説明する。まず，$[A]$ に関する共役ベクトル $[p^i]$ と，その利用法を説明する。共役ベクトルの組み $\{[p^i]\}$ は

$$([p^i], [A][p^j]) = 0 \qquad (i \neq j)$$

を満たす。なお，$(,)$ はベクトルの内積を表す。共役ベクトルの組み $\{[p^i]\}$ が与えられた場合，それを用いて $[x]$ をつぎのように表す。

$$[x] = \sum_{i=1}^{n} \alpha_i [p^i] \tag{9.5}$$

ここで，α_i は未知の係数である。共役ベクトルの性質を使って

$$([p^i], ([A][x] - [f])) = 0$$

を計算すると

$$\alpha_i = \frac{([p^i], [f])}{([p^i], [A][p^i])} \tag{9.6}$$

が導かれる。したがって，$\{[p^i]\}$ を見つけることができれば，$[p^i]$ を使った形で解が決定できることがわかる。共役勾配法は，$\{[p^i]\}$ と $\{\alpha_i\}$ を反復により

求めるアルゴリズムである。さらに，$n \times n$ の $[A]$ に関する n 個の $[p^i]$ を使って $[x]$ が一意に決定できることから，共役勾配法は，高々 n 個の $[p^i]$ と α_i を見つけることで解を求めることができると解釈できる。すなわち，反復の回数は高々 n のオーダである[†]。

共役勾配法では，マトリクス方程式 $[A][x] = [f]$ を，つぎの Φ を最小にする問題に置き換える。

$$\Phi([x]) = \frac{1}{2}([x],[A][x]) - ([f],[x]) \tag{9.7}$$

解を逐次更新してこの最小値問題を解くが，解の更新の際に共役ベクトルを用いるところに共役勾配法の特徴がある。初期解を $[x^1]$ とすると，この $[x^1]$ のときの残差は $[r^1] = [f] - [A][x^1]$ である。第1の共役ベクトル $[p^1]$ を $[p^1] = [r^1]$ として設定し，つぎのステップの解を $[x^2] = [x^1] + \alpha_1 [p^1]$ とする。ここで，未知の定数 α_1 は，残差 $[r^2] = [f] - [A][x^2]$ の $[p^1]$ 方向の成分が 0 になる条件，すなわち $([p^1],[f] - [A][x^2]) = 0$ という条件を仮定すると

$$\alpha_1 = \frac{([r^1],[p^1])}{([p^1],[A][p^1])}$$

として決定される。この α_1 を使うと，残差 $[r^2]$ は

$$[r^2] = [r^1] - \alpha_1 [A][p^1]$$

として計算される。第2の共役ベクトルを $[p^2] = [r^2] - \beta_2 [p^1]$ とする。ここで，未知の定数 β_2 は，$[p]^2$ が共役ベクトルとなる条件，すなわち $([p^2],[A][p^1]) = 0$ を満たす条件から

$$\beta_2 = \frac{([r^2],[A][p^1])}{([p^1],[A][p^1])}$$

として決定される。この $[p^2]$ の設定は，式 (9.7) の Φ の最小値を探索するための探索ベクトルとして，残差が減少する方向に近い共役ベクトルを設定して

[†] もちろん，桁落ちなどがあり，実際の反復の回数は n のオーダとは限らない。

9.1 1次のマトリクス方程式の解法

いることになる。この探索ベクトルを使うことで，速くΦが小さくなる，すなわち，近似解が速く正解に近づくことになり，収束性の向上が見込まれる。$||[f] - [A] [x^i]|| / ||[f]||$が十分小さくなるまで上記の解の更新を繰り返すことにより，近似解を求める。共役勾配法のアルゴリズムを整理すると，以下のようになる。なお，共役ベクトルの性質を利用し，式を簡単化している。

$[r^1] \Leftarrow [f] - [A] [x^1]$
$[p^1] \Leftarrow [r^1]$
$i \Leftarrow 1$
while $||[r^i]|| / ||[f]|| > \epsilon$ **do**
　　$\alpha_i \Leftarrow ([p^i], [r^i]) / ([p^i], [A] [p^i])$
　　$[x^{i+1}] \Leftarrow [x^i] + \alpha_i [p^i]$
　　$[r^{i+1}] \Leftarrow [r^i] - \alpha_i [A] [p^i]$
　　$\beta_{i+1} \Leftarrow ([r^{i+1}], [A] [p^i]) / ([p^i], [A] [p^i])$
　　$[p^{i+1}] \Leftarrow [r^{i+1}] - \beta_{i+1} [p^i]$
　　$i \Leftarrow i + 1$
end while

共役勾配法の収束性は，$[A]$の条件数に依存して決まる。条件数は最大の固有値と最小の固有値の比である。この条件数を小さくすることにより，収束性が改善される。これを**前処理**（preconditioning）と呼ぶ。マトリクス$[A]$によっては，適当な前処理によって，劇的に収束性が改善する場合がある。前処理の具体的な方法は，$[M]^{-1} [A] \simeq [I]$となるマトリクス$[M]^{-1}$を求め，$[A] [x] = [f]$の両辺にかけてマトリクス方程式を変えることである。もちろん，$[I]$は単位マトリクスである。$[M]^{-1}$を決めるための計算量が大きいと，前処理として意味がなくなるため，少ない計算量で$[M]^{-1}$を決めることが重要である。$[M]^{-1} [A] \simeq [I]$となる$[M]^{-1}$を見つけるために，多くの手法が提案されている。簡単な前処理として対角前処理がある。対角前処理では，$[M]$を$[A]$の対角項を抽出したマトリクスとする。対角前処理では，対角項の逆数を計算するだけなので，$[M]^{-1}$

の計算量はきわめて少ない．計算量が少ないわりに収束性の向上が大きいため，よく使用される．

$[A]$ が非対称の場合，若干の工夫で共役勾配法を利用することができる．例えば，$[A][x]=[f]$ の両辺に $[A]^T$ をかけて $\left([A]^T[A]\right)[x]=\left([A]^T[f]\right)$ とすれば，このマトリクス方程式は対称マトリクス $\left([A]^T[A]\right)$ を使うことになる．しかし，$\left([A]^T[A]\right)$ の条件数は $[A]$ の条件数の 2 乗になるため，収束性は悪化する．したがって，$[A]^T$ を使う方法は必ずしも実用的ではない．共役勾配法と同様の考え方に基づいて，非対称マトリクス用の非定常反復法が多く提案されている．次元が高い非対称マトリクスのマトリクス方程式を解く場合には，非対称マトリクス用の非定常反復法を使うのがよい．

マトリクス方程式 $[A][x]=[f]$ のアルゴリズムは，科学技術計算の根幹に位置する．しかし，解を求めることの容易さは，すべて $[A]$ の性質に依存するため，効率よく解を求める汎用的なアルゴリズムは未だ編み出されておらず，現在でも活発な研究がなされている．本節では，直接法，定常反復法，非定常反復法に分けて概説したが，実際の大規模系の計算では，これらを組み合わせるなどの工夫を行い，より効率的に解を求める努力がなされている．

9.2 固有値問題の解法

固有値問題（eigenvalue problem）[†]とは，以下の式を満たす λ と $[y]$ を見つける問題である．

$$[A][y]=\lambda[y] \tag{9.8}$$

ここで，λ と $[y]$ はマトリクス $[A]$ の固有値と固有ベクトルである．固有値問題を解く方法は，直接法と反復法に大別される．直接法は，陽に解ける形に $[A]$

[†] 固有値，固有ベクトルの物理的意味は，問題によって異なる．例えば振動問題であれば，固有値と固有ベクトルは固有振動数と振動モードに対応する．座屈問題では，座屈荷重と座屈モードに対応する．一方，数理的には，式 (9.8) からわかるように，固有ベクトル $[y]$ とは，$[A]$ をかけても方向が変わらないベクトルであり，$[A][y]$ と $[y]$ は平行である．そして，$[y]$ の固有値 λ は，固有ベクトルの縮小・拡大率である．

を変形し，固有値と固有ベクトルを求める．しかし，計算量が多く，高次元のマトリクスの固有値問題を解くことは難しい．一方，反復法は，固有値と固有ベクトルの性質を利用することで，比較的計算量を抑えながら，固有値問題を解くことができる．本節では反復法を説明する．

まず，反復法の一つである**べき乗法**（power method）を説明する．$[A]$ の固有値を

$$\lambda_i \quad (\lambda_1 \geqq \lambda_2 \geqq \cdots \geqq \lambda_n)$$

とし，固有値 λ_i に対応する固有ベクトルを $[y^i]$ とする．この $[y^i]$ と 0 でない定数 c_i を使って，つぎのベクトル $[x^0]$ を考える．

$$[x^0] = \sum_{i=1}^{n} c_i \, [y^i]$$

この $[x^0]$ に $[A]$ を k 回かけたベクトルを $[x^k]$ とすると，これは

$$[x^k] = [A]^k \, [x^0] = \lambda_1^k \left(c_1 \, [y^1] + [R^k] \right)$$

となる．もちろん $[R^k]$ は

$$[R^k] = \sum_{i=2}^{n} \left(\frac{\lambda_i}{\lambda_1} \right)^k c_i \, [y^i]$$

である．$|\lambda_i/\lambda_1| < 1$ であるから $\lim_{k \to \infty} [R^k] = 0$ である．したがって

$$\lim_{k \to \infty} \frac{[x^k]}{\lambda_1^k} = c_1 \, [y^1]$$

となる．固有値と固有ベクトルのこの性質を使うと，適当な $[x^0]$ を設定して $[x^k]$ を計算することで，最大固有値とそれに対応する固有ベクトルが求められる．具体的には，$[x^k]$ の方向の単位ベクトル $[x^k]/|[x^k]|$ と，$[x^{k-1}]$ の方向の単位ベクトル $[x^{k-1}]/|[x^{k-1}]|$ の差が十分小さくなるまで，$[x^k]$ を計算すればよい．この単位ベクトルが $[y^1]$ となり，λ_1 は $[A]\,[y^1] = \lambda_1\,[y^1]$ より計

算される．2番目の固有値は，$[x^0]$ から $[y^1]$ の方向の成分を除けばよい．すなわち，$[x^0] - ([x^0], [y^1])[y^1]$ を新たに $[x^0]$ とし，$[x^k]$ を計算すればよい．

べき乗法と同様の方法として，最小固有値とこれに対する固有ベクトルを求める逆べき乗法がある．これは逆行列を用いたべき乗法と考えることができる．式 (9.8) より

$$[A]^{-1}[y^i] = \frac{1}{\lambda_i}[y^i]$$

の関係を用いれば

$$\left([A]^{-1}\right)^k [x^0] = \frac{c_n}{\lambda_n^k}\left([y^n] + [R^k]\right), \quad [R^k] = \sum_{i=1}^{n-1}\left(\frac{\lambda_n}{\lambda_i}\right)^k \frac{c_i}{c_n}[y^i]$$

であり，$\lim_{k \to \infty}[R^k] = 0$ となるから，$\lim_{k \to \infty}\left([A]^{-1}\right)^k [x^0]\lambda_n^k = c_n[y^n]$ となる．べき乗法と同様に，適当な $[x^0]$ を設定し，逆行列 $[A]^{-1}$ をかけていくだけで，最小固有値とそれに対応する固有ベクトルを求めることができる．なお，高次元のマトリクスでは，逆行列を求めること自体が困難である．この場合，逆行列を直接求めることはせずに，前節の反復法によりマトリクス方程式を解くことで，逆行列を使った演算の代替とすることもできる．

演 習 問 題

必要に応じて電卓・計算機を使ってよい．

〔**9.1**〕 ガウスの消去法を用いて，以下のマトリクス方程式を解け．

$$[A][x] = [f], \quad [A] = \begin{bmatrix} 3 & -1 \\ -1 & 2 \end{bmatrix}, \quad [f] = \begin{bmatrix} 2 \\ 1 \end{bmatrix}$$

〔**9.2**〕 〔9.1〕のマトリクス方程式の近似解を，ヤコビ法を用いて求めよ．初期値として

$$[x^1] = \begin{bmatrix} 0 \\ 0 \end{bmatrix}$$

を用い

$$\left|[x^{k+1}] - [x^k]\right| < 1.0 \times 10^{-3}$$

となるまで反復せよ．ここで，$|[x]|$ はベクトル $[x]$ のノルムである．

〔**9.3**〕 〔9.1〕のマトリクス方程式の近似解を，ガウス-ザイデル法を用いて求めよ．〔9.2〕と同じ初期値と収束の判定条件を用いよ．収束までの反復回数をヤコビ法の反復回数と比較せよ．

〔**9.4**〕 〔9.1〕のマトリクス方程式の近似解を，共役勾配法を用いて求めよ．〔9.2〕と同じ初期値を用いよ．反復回数は行列の次元と同じ2回とし，2回目の反復のときの残差 $[r^2] = [f] - [A][x^2]$ を求めよ．

〔**9.5**〕 ヤコビ法，ガウス-ザイデル法，共役勾配法の反復計算1回当りの計算コストを見積もり，比較せよ．計算コストの見積りには，マトリクス・ベクトル積の計算回数を用いよ．また，行列の次元 n が大きい場合，ベクトルの内積，ベクトルの加算，ベクトル・スカラ積の3種類の演算の計算コストは，マトリクス・ベクトル積に比べて無視できるほど影響が小さいことを確認せよ．

〔**9.6**〕 直接法を用いて，つぎの $[A]$ の固有値，固有ベクトルを求めよ．

$$[A] = \begin{bmatrix} 4 & -2 \\ 1 & 1 \end{bmatrix}$$

〔**9.7**〕 べき乗法を用いて，〔9.6〕の $[A]$ の最大固有値に対応する固有ベクトルを求めよ．反復は3回とし，つぎの初期値を使え．

$$[x^0] = \begin{bmatrix} 100 \\ 1 \end{bmatrix}$$

〔**9.8**〕 逆べき乗法を用いて，〔9.6〕の $[A]$ の最小固有値に対応する固有ベクトルを求めよ．反復は3回とし，〔9.7〕と同じ初期値を使え．

10章 数値微分と数値積分

◆本章のテーマ

複雑な微分方程式を解く際に，対象となる関数の微分を解析的に計算することが難しい場合がある。同様に，複雑な関数の定積分を解析的に求めることが難しい場合もある。解析的に微分・積分を計算する代替として，数値的に微分・積分を計算することができる。本章では微分・積分の数値計算の方法を概説する。

◆本章の構成（キーワード）

10.1 数値微分
　　　前進差分，後退差分，1階中心差分
10.2 数値積分
　　　ニュートン–コーツ型，ガウス–ルジャンドル型，モンテカルロ型

◆本章を学ぶと以下の内容をマスターできます

☞ 関数の数値微分の方法
☞ 関数の数値積分の方法

10.1 数値微分

関数の微分の値を数値的に求める手法について概説する。最も単純な**数値微分**（numerical differentiation）は，関数の**テイラー展開**（Taylor expansion）に基づくものである。関数を $f(x)$ とし，h を微小な正の定数とすると，ある点 x_0 の近傍において，$f(x_0 + h)$ はつぎのようにテイラー展開される。

$$f(x_0 + h) = f(x_0) + f'(x_0)\,h + \frac{f''(x_0)}{2!}\,h^2 + \frac{f'''(x_0)}{3!}\,h^3 + \cdots$$

同様に，$f(x_0 - h)$ は

$$f(x_0 - h) = f(x_0) - f'(x_0)\,h + \frac{f''(x_0)}{2!}\,h^2 - \frac{f'''(x_0)}{3!}\,h^3 + \cdots$$

となる。この二つのテイラー展開を用いて，x_0 での関数の1階微分や高次の微分の値を求める。

まず，1階微分の値を計算する。$f(x_0 + h)$ のテイラー展開を使って $f'(x_0)$ を計算する。右辺の h^2 以上の項を無視すると，ただちに

$$f'(x_0) \simeq \frac{f(x_0 + h) - f(x_0)}{h} \tag{10.1}$$

が得られる。これは**前進差分**（forward difference）近似と呼ばれる。h^2 以上の項を無視しているため，h に関する誤差は高々 h のオーダであると考えられる[†]。つぎに，$f(x_0 - h)$ のテイラー展開より

$$f'(x_0) \simeq \frac{f(x_0) - f(x_0 - h)}{h} \tag{10.2}$$

が得られる。これは**後退差分**（backward difference）近似と呼ばれる。このときもテイラー展開の h^2 以上の項を無視しており，誤差は高々 h のオーダである。$f(x_0 + h)$ と $f(x_0 - h)$ のテイラー展開の差から

$$f'(x_0) \simeq \frac{f(x_0 + h) - f(x_0 - h)}{2h} \tag{10.3}$$

[†] h を小さくすると，誤差は h に比例して小さくなる。これを h のオーダの誤差と呼ぶ。同様に，誤差が h^n に比例して小さくなるとき，h^n のオーダの誤差と呼ぶ。

が得られる．これは 1 階**中心差分**（central difference）近似と呼ばれる．このときはテイラー展開の h^3 の項を無視しているため，誤差は高々 h^2 のオーダとなる．以上の前進差分近似，後退差分近似，1 階中心差分近似の三つが，最も基本的な数値微分のアルゴリズムである．

つぎに，2 階微分の値 $f''(x_0)$ を計算する数値微分のアルゴリズムを説明する．$f(x_0+h)$ と $f(x_0-h)$ のテイラー展開の和から

$$f''(x_0) \simeq \frac{f(x_0+h) - 2f(x_0) + f(x_0-h)}{h^2} \tag{10.4}$$

が得られる．これは 2 階中心差分近似と呼ばれる．このときはテイラー展開の h^3 の項を無視しており，誤差は高々 h^2 のオーダである．

以上の数値微分のアルゴリズムは，二つないし三つの点（x_0 と $x_0 \pm h$）での関数 f の値を用いたものである．より多くの点での f の値を用いて，より高次の微分の値を計算する数値微分のアルゴリズムを作ることは容易である．最も簡単な方法は，各点と関数の値を使い，多項式のような適当な補間関数を用いて，もとの関数 f を近似する適当な関数 f^* を決める方法である．近似された f^* を解析的に微分することで，f の高次の微分の値を近似的に計算することができる．もちろん，高次の微分の値は，補間された区間の任意の点で計算することができる．

1 変数の数値微分のアルゴリズムを組み合わせることにより，偏微分に対する数値微分のアルゴリズムを作ることは簡単である．例として，f を 2 変数関数 $f(x,y)$ として，点 (x_0, y_0) での 2 階の偏微分 $\partial^2 f(x,y)/\partial x \partial y$ を計算するアルゴリズムを説明する．1 階中心差分を使って y に関する微分を

$$\frac{\partial f}{\partial y}(x_0+h, y_0) \simeq \frac{f(x_0+h, y_0+h) - f(x_0+h, y_0-h)}{2h}$$

$$\frac{\partial f}{\partial y}(x_0-h, y_0) \simeq \frac{f(x_0-h, y_0+h) - f(x_0-h, y_0-h)}{2h}$$

とする．この二つの式と 1 階中心差分を使って x に関する微分を計算すれば，$\partial^2 f(x,y)/\partial x \partial y$ はつぎのようになる．

$$\frac{\partial^2 f}{\partial x \partial y}(x_0, y_0) \simeq \frac{f^{++} - f^{-+} - f^{+-} + f^{--}}{4h^2} \tag{10.5}$$

ここで，$f^{\pm\pm}$ は $f(x_0 \pm h, y_0 \pm h)$ である．

10.2 数 値 積 分

本節は，1変数関数 f を区間 $a < x < b$ で積分する，最も基本となる定積分

$$I = \int_a^b f(x) \mathrm{d}x \tag{10.6}$$

を対象とする．代表的な**数値積分**（numerical integration）の三つのアルゴリズム，(1) ニュートン - コーツ（Newton-Cotes）型数値積分，(2) ガウス - ルジャンドル（Gauss-Legendre）型数値積分，(3) モンテカルロ（Monte Carlo）型数値積分を概説する．

10.2.1 ニュートン - コーツ型数値積分

ニュートン - コーツ型数値積分は，被積分関数そのものを積分する代わりに，被積分関数を多項式で近似し，近似した多項式を積分することで積分の近似値を求めるアルゴリズムである．区間 $a \leqq x \leqq b$ に n 個の点 x_i $(i = 1, 2, \cdots, n)$ とそこでの関数の値 $f(x_i)$ が与えられた場合を仮定する．式 (10.6) の f を多項式に近似する際にラグランジュ補間（Lagrange interpolation）を使う．ラグランジュ補間は，n 個の点 $(x_i, f(x_i))$ を通る $n-1$ 次の多項式であり，次式で与えられる．

$$\sum_{i=1}^n \frac{C(x)}{(x - x_i) C'(x_i)} f(x_i)$$

ここで

$$C(x) = (x - x_1)(x - x_2) \cdots (x - x_n)$$

であり，$C(x_i) = 0$ であるが

$$\lim_{x \to x_i} \frac{C(x)}{C'(x_i)(x - x_i)} = 1$$

となる．したがって，ラグランジュ補間は点 $(x_i, f(x_i))$ を通ることになる．

関数 f を近似する多項式を f^* とすると，ラグランジュ補間より

$$f^*(x) = \sum_{i=1}^{n} \frac{C(x)}{(x - x_i)C'(x_i)} f(x_i) \tag{10.7}$$

である．実際，$f^*(x_i) = f(x_i)$ となる．ラグランジュ補間を使って式 (10.6) を計算すると

$$I \simeq \sum_{i=1}^{n} \int_a^b \frac{C(x)}{(x - x_i)C'(x_i)} \, dx \, f(x_i)$$

となる．$n = 2$ の場合，$x_1 = a$ と $x_2 = b$ とすると

$$I \simeq \frac{1}{2}(b - a)(f(a) + f(b)) \tag{10.8}$$

となる．これは**台形公式**（Trapezoidal rule）である．$n = 3$ のとき，$x_1 = a$, $x_3 = b$, そして $x_2 = (a + b)/2$ とすると

$$I \simeq \frac{h}{3}\left(f(a) + 4f\left(\frac{a + b}{2}\right) + f(b)\right) \tag{10.9}$$

となる．なお，$h = (b - a)/2$ である．これはシンプソン公式（Simpson's rule）である．

f を多項式で近似するということから明らかであるが，もとの関数が $n - 1$ 次までの多項式であれば，n 点の関数の値を用いたニュートン-コーツ型数値積分は，誤差 0 で積分の値を計算する．しかし，もとの関数が多項式でない場合，誤差は確実に含まれてしまう．実際の数値計算では，積分対象区間を小区間に分け，おのおのに対して台形公式やシンプソン公式を適用することが行われる．小区間に分割することで多項式による近似の誤差を抑え，数値積分の精度を向上させるのである．

10.2.2　ガウス-ルジャンドル型数値積分

ニュートン-コーツ型数値積分は，n 個の点での関数の値を用いて，$n - 1$ 次までの多項式に対して誤差 0 で積分を与える．関数の値は任意の点の値である

が，点の位置を指定することで，n 個の点の値を用いながら $2n-1$ 次までの多項式に対して誤差 0 で積分を計算することができる．これがガウス-ルジャンドル型数値積分である．

ニュートン-コーツ型数値積分と同様に，もとの関数の近似には多項式を用いるが，式 (10.7) のラグランジュ補間の代わりに，つぎのルジャンドル多項式 (Legendre polynomial) を用いる．以下，表記を簡単にするため，積分区間を $a<x<b$ の代わりに $-1<x<1$ として[†1]，ガウス-ルジャンドル型数値積分を説明する．$-1<x<1$ において，ルジャンドル多項式は次式で定義される[†2]．

$$P_k(x) = \frac{1}{2^k k!} \frac{d^k}{dx^k}(x^2-1)^k \qquad (k=0,\,1,\,\cdots) \tag{10.10}$$

ルジャンドル多項式の重要な性質として，つぎの直交性がある．

$$\int_{-1}^{1} P_i(x) P_j(x)\,\mathrm{d}x = \begin{cases} \dfrac{2}{2i+1} & (i=j \text{ のとき}) \\ 0 & (i \neq j \text{ のとき}) \end{cases} \tag{10.11}$$

$P_n(x)=0$ は n 次の方程式であるから，n 個の解 $x_k\;(k=1,\,2,\cdots,n)$ がある．これらの解はすべて -1 から 1 の間にある．この x_k を用いれば，$n-1$ 次の任意の多項式は，ルジャンドル多項式を使ってつぎのように表すことができる．

$$A(x) = \sum_{i=0}^{n-1} a_i\, P_i(x)$$

ここで，係数 a_i は

$$a_i = \frac{1}{\lambda_i} \sum_{k=0}^{n-1} w_k A(x_k) P_i(x_k)$$

[†1] 変数 x を $X = 2(x-b)/(a-b)-1$ に変換することで，簡単に積分区間を変更することができる．

[†2] ルジャンドル多項式は，つぎの漸化式を満たす．

$$(k+1)P_{k+1}(x) = (2k+1)xP_k(x) - kP_{k-1}(x) \qquad (k=1,\,2,\,\cdots)$$

なお，$P_0(x)=1$，$P_1(x)=x$ である．

であり，λ_k と w_k はそれぞれ

$$\lambda_k = \int_{-1}^{1} P_k^2(x)\,\mathrm{d}x = \frac{2}{2k+1}, \quad w_k = \frac{1}{\displaystyle\sum_{j=0}^{n-1}(P_j^2(x_k)/\lambda_j)}$$

である。

　積分の対象となる関数 $f(x)$ が $2n-1$ 次の多項式 $f^*(x)$ で近似されたことを仮定する。n 次のルジャンドル多項式 $P_n(x)$ を使うと，この $f^*(x)$ は

$$f^*(x) = P_n(x)\,B(x) + C(x)$$

として表すことができる。ここで，$B(x)$ と $C(x)$ は $n-1$ 次の多項式である。$B(x)$ が $n-1$ 次までのルジャンドル多項式により展開できることから，式 (10.11) の直交性を使うと，$\int_{-1}^{1} P_n(x)B(x)\,\mathrm{d}x = 0$ となる。したがって

$$\int_{-1}^{1} f^*(x)\,\mathrm{d}x = \int_{-1}^{1} C(x)\,\mathrm{d}x = \int_{-1}^{1} \sum_{i=0}^{n-1} c_i\,P_i(x)\,\mathrm{d}x$$

となる。もちろん c_i は $C(x)$ の係数である。再び式 (10.11) を使い，$P_0(x)=1$ に注意すると

$$\int_{-1}^{1} \sum_{i=0}^{n-1} c_i\,P_i(x)\,\mathrm{d}x = c_0 = \frac{1}{\lambda_0} \sum_{k=0}^{n-1} w_k C(x_k)$$

となる。$\lambda_0 = 1$ と $f^*(x_k) = C(x_k)$ を使えば

$$\int_{-1}^{1} f^*(x)\,\mathrm{d}x = \sum_{k=0}^{n-1} w_k f^*(x_k)$$

が導かれる。

　以上をまとめると，$P_n(x)=0$ を満たす n 個の $\{x_k\}$ と $\{w_k\}$ をあらかじめ計算しておくと，x_k での関数の値を $f^*(x_k)$ に代入するだけで，式 (10.6) の I を $2n-1$ 次の精度で計算できることになる。なお，$2n-1$ 次の精度とは，$f(x)$ が高々 $2n-1$ 次の多項式の場合に誤差が 0 となるという意味である。

10.2 数値積分

前述のように，$\{x_k\}$ と $\{w_k\}$ は関数 $f(x)$ とは無関係に $P_n(x)$ のみで決まる。例として，3次の精度のガウス-ルジャンドル型数値積分に対する $\{x_k\}$ と $\{w_k\}$ を示す。この場合 $n=2$ であるから，$P_2(x)=(3x^2-1)/2$ を使えばよい。$P_2(x)=0$ の解から

$$x_0 = -\frac{1}{\sqrt{3}}, \quad x_1 = \frac{1}{\sqrt{3}}$$

が導かれる。そして

$$w_0 = 1, \quad w_1 = 1$$

となる。**表10.1** に，$n=2, 3, 4$ の場合の $\{x_k\}$ と $\{w_k\}$ を示す。

表10.1 ガウス-ルジャンドル型数値積分の $\{x_k\}$ と $\{w_k\}$

	$\{x_k\}$	$\{w_k\}$
$n=2$	−0.577 350 269	1.000 000 000
	0.577 350 269	1.000 000 000
$n=3$	−0.774 596 669	0.555 555 556
	0.000 000 000	0.888 888 889
	0.774 596 669	0.555 555 556
$n=4$	−0.861 136 312	0.347 854 845
	−0.339 981 044	0.652 145 155
	0.339 981 044	0.652 145 155
	0.861 136 312	0.347 854 845

10.2.3 モンテカルロ型数値積分

複雑な積分や多重積分には，多項式で関数を近似するニュートン-コーツ型数値積分やガウス-ルジャンドル型数値積分の適用が簡単でない場合がある。モンテカルロ型数値積分は，多項式を用いた関数補間を用いていないため，より柔軟に適用することができる。

モンテカルロ型数値積分の例として，つぎの n 重積分を考える。なお，簡単のため，すべての変数に対して積分区間を0から1としている。

$$I = \int_0^1 \int_0^1 \cdots \int_0^1 f(x_1, x_2, \cdots, x_n) \, \mathrm{d}x_1 \, \mathrm{d}x_2 \cdots \mathrm{d}x_n \tag{10.12}$$

モンテカルロ型数値積分では，乱数を用いて積分を計算する．具体的には，0から1の範囲でn個の乱数の組み$(r_1, r_2, \cdots, r_n)$を生成し，この組みを使って関数の値$f(r_1, r_2, \cdots, r_n)$を計算する．乱数の組みの生成と関数の値の計算を多数行い，関数の値を足し合わせ，その平均を求めたものが，式(10.12)のIの近似値となる．すなわち

$$I \simeq \frac{1}{N} \sum_{i=1}^{N} f(r_1^i, r_2^i, \cdots, r_n^i) \tag{10.13}$$

となる．ここで，上添え字iは第i番目の乱数の組みであることを示し，Nは乱数の組みの総数である．単にfの値を計算するだけで，多重積分や複雑な積分にもモンテカルロ型数値積分は適用できる．しかし，近似の精度を上げるためにはNを多くする必要がある．

演習問題

〔**10.1**〕 つぎの微分方程式を，時間tに関して前進差分近似，位置xに関して2階中心差分近似を用いて解け．

$$\begin{cases} \dfrac{\partial u}{\partial t}(x,t) = \dfrac{\partial^2 u}{\partial x^2}(x,t) & (0 < x < 1,\ 0 < t < 1) \\ u(x,0) = \sin \pi x & (0 < x < 1\ \text{のとき}) \\ u(0,t) = u(1,t) = 0 & (0 < t < 1\ \text{のとき}) \end{cases}$$

ただし，時間刻みを0.01，空間刻みを0.25とする．

〔**10.2**〕 数値流体力学で用いられる有限差分法では，多数の点を使った高次の差分近似を用いることが多い．$f(x_0 + 2h)$，$f(x_0 + h)$，$f(x_0)$と$f(x_0 - h)$を用いて，$f'(x_0)$の3次精度の差分近似を求めよ．

〔**10.3**〕 テイラー展開を用いて台形公式の誤差を表せ．なお，台形公式は次式である．

$$\int_a^b f(x)\,\mathrm{d}x \simeq \frac{1}{2}(b-a)(f(a)+f(b))$$

〔**10.4**〕 テイラー展開を用いてシンプソン公式の誤差を表せ．なお，シンプソン公式は次式である．
$$\int_a^b f(x)\,\mathrm{d}x \simeq \frac{h}{3}\left(f(a) + 4f\left(\frac{a+b}{2}\right) + f(b)\right)$$
ここで $h = \dfrac{b-a}{2}$ である．

〔**10.5**〕 ガウス-ルジャンドル型数値積分を用いて，関数 $f(x) = x^4 + 2x^2 + 2$ に対し，式 (10.6) の I を計算せよ．解析的に計算した結果と，$n = 2$ と $n = 3$ の場合の結果を比較せよ．

第 V 部

高度な話題

11章 安定・不安定

◆本章のテーマ

解の挙動の概略をあらかじめ知っておくと，数値計算で微分方程式を解く際の助けとなる．時間に関する微分方程式の場合，解の挙動の概略は，解の安定性を判断することで推測できる．

◆本章の構成（キーワード）

11.1 時間に関する微分方程式
　　　乱れ，初期値問題の解
11.2 一定値をとる解の安定・不安定
　　　指数関数
11.3 初期値問題の解の安定・不安定
　　　テイラー展開

◆本章を学ぶと以下の内容をマスターできます

☞ 一定値をとる関数が，時間に関する微分方程式の解になること
☞ 一定値をとる関数の安定・不安定を調べることで，初期値問題の解の挙動を推測できること

11.1　時間に関する微分方程式

　土木工学・環境工学で扱われる主要な数理問題の一つに，時間を変数とする関数の微分方程式が挙げられる．例えば，構造力学における速度・加速度を含む動的変形の問題や，土木計画学における人口の増減を再現・予測する問題が，時間に関する微分方程式である．このような微分方程式は，構造物や社会システムを数理的に表現している．なお，微分方程式には複数の解が存在するが，適当な初期条件を課して初期値問題とすると，解は唯一になる．構造物や社会システムの若干の乱れは，微分方程式や初期条件の乱れとなる．この乱れに応じて微小な変化が初期値問題の解に起こる．初期条件が少々変化しても，ある程度の時間が経った時点の解は，初期条件によらずほぼ一定の値をとる場合がある．その一方で，微分方程式の乱れが微小なものであっても，解が大きな影響を受ける場合がある．初期値問題の解のこの不思議な挙動は，数理的には解の安定性として説明されている．

　本章では，時間に関する微分方程式を対象に，解の安定・不安定を説明する．解の安定・不安定はいろいろな意味で使われるが，本章では二つの意味に絞る．一つは，微分方程式の解の一つである一定値をとる解の安定・不安定である．微分方程式には複数の解があるが，その中に一定値をとる関数が含まれる場合がある．この一定値をとる関数が安定であれば，その近くにある解はこの解に近づき，逆に不安定であれば近くの解は離れる．この安定・不安定を利用すると，初期値問題の解が，一定値をとる関数のどれに近づいていくかを予測することができる．もう一つは，初期値問題の解の安定・不安定である．微分方程式や初期値が若干乱れると，その乱れに応じて解も若干変化するのが普通である．しかし，乱れによっては，それが小さいものであるにもかかわらず，解が大きく変化する場合がある．乱れに応じた変化が小さい場合が安定，大きい場合が不安定である．数値計算を使って初期値問題を解くとき，解の安定・不安定を知ることは，誤差を小さくするために重要である．

　なお，すでに説明したように，時間に関する高階の微分が含まれている微分

方程式は，適当な関数を導入することにより，複数の関数に対する1階の微分方程式に変換することができる．このため，本章では1階の微分方程式のみを考えることにする．

11.2 一定値をとる解の安定・不安定

例として，変数 t を時間とし，この t の関数 $x(t)$ に対するつぎの問題を考える．

$$\dot{x}(t) = F(x(t)) \qquad (0 < t) \tag{11.1}$$

ここで $\dot{x}$ は t に関する微分を表し，$F(x)$ は既知の関数であり，$F(x(t))$ は $F(x)$ と $x(t)$ の合成関数である．また，初期条件

$$x(t) = x_0 \qquad (t = 0) \tag{11.2}$$

が与えられているとする．

復習であるが，式 (11.1) の微分方程式は，F が簡単な関数であれば解析的に解くことができる．例えば，F が x の1次の多項式で与えられる場合を考えてみる．すなわち，つぎの場合である．

$$F(x) = F_0 + F_1 x \tag{11.3}$$

簡単のため，係数 F_1 は 0 でないとする．微分方程式を変形すると

$$\frac{\mathrm{d}x}{F_0 + F_1 x} = \mathrm{d}t$$

が導かれる．右辺を 0 から t まで積分すると，左辺は x を初期値 x_0 から x まで積分することになり，この結果

$$\frac{1}{F_1} \log \left(\frac{F_0 + F_1 x(t)}{F_0 + F_1 x_0} \right) = t$$

となる．すなわち，つぎの解析解を得る．

11.2 一定値をとる解の安定・不安定

$$x(t) = -\frac{F_0}{F_1} + \left(\frac{F_0}{F_1} + x_0\right) \exp(F_1 t) \tag{11.4}$$

指数関数の性質から，$F_1 > 0$ であれば t が増加するにつれて $|x|$ は発散し，$F_1 < 0$ であれば，t が増加すると x は

$$A = -\frac{F_0}{F_1}$$

に収束することがわかる。

　これも復習であるが，式 (11.3) で F が与えられた場合，上式の A という一定の値をとる関数を $X(t)$ とすると，この $X(t)$ は微分方程式 (11.1) の解である。微分方程式の一般解は，未知の定数 c を使って

$$x(t) = X(t) + c\exp(F_1 t)$$

と書けるため，$X(t)$ という解の安定・不安定はつぎのように判定することができる。

　　　$F_1 < 0$ のとき $X(t)$ は安定
　　　$F_1 > 0$ のとき $X(t)$ は不安定

初期条件 (11.2) より c を決めた式 (11.4) の解は，確かにこの判定どおりに振る舞う。すなわち，$F_1 < 0$ であれば $X(t)$ という解に近づき，$F_1 > 0$ であれば $X(t)$ という解から離れるのである。

　式 (11.3) は，関数 F の $x = 0$ 近くのテイラー展開を 1 次の項で打ち切った形をしている。すなわち，$F_0 = F(0)$ と $F_1 = F'(0)$ である。打切りによる誤差を小さくするために高次の項まで，例えば N 項までテイラー展開する。すなわち

$$F(x) = F_0 + F_1 x + F_2 x^2 + \cdots + F_N x^N \tag{11.5}$$

とする。N 次の多項式で近似された F は，N 個の解を持つ。この解を

$$F(A_n) = 0 \quad (n = 1, 2, \cdots, N)$$

とする。簡単のため，A_n はすべて実数であり，昇順に並んでいる，すなわち

$$A_1 < A_2 < \cdots < A_N$$

であるとする。一定値 A_n をとる関数を $X^n(t)$ とすると，当然 $X^n(t)$ は微分方程式の解となる。この解の安定・不安定を調べるために，$x = A_n$ の近くでの F のテイラー展開を計算する。まず

$$x(t) = A_n + y(t) \tag{11.6}$$

とすると，$F(x)$ のテイラー展開はつぎのように近似することができる。

$$F(x) = F(A_n) + F'(A_n)\,y + \cdots = F'(A_n)\,y$$

$\dot{x} = \dot{y}$ より，y に関するつぎの微分方程式が導かれる。

$$\dot{y}(t) = F'(A_n)\,y(t) \tag{11.7}$$

微係数 $F'(A_n)$ の正負で，一定値をとる関数 $X^n(t)$ の安定・不安定をつぎのように判断することができる。

$F'(A_n) < 0$ のとき $X^n(t)$ は安定

$F'(A_n) > 0$ のとき $X^n(t)$ は不安定

初期値 x_0 が $A_{n-1} < x_0 < A_n$ である場合，$F'(A_{n-1}) < 0$ かつ $F'(A_n) > 0$ であれば，初期値問題の解 $x(t)$ は，微分方程式の不安定な解 $X^n(t)$ を避けて，安定な解 $X^{n-1}(t)$ に近づくことになる。

　以上は復習であり，本章ではもう少し複雑な状態を考える。さて，多項式の解は**実数**（real number）とは限らず，**複素数**（complex number）が解となる場合もある†。値は複素数であるが，一定値 A_n をとる関数 $X^n(t)$ は，F が

---

† テイラー展開で与えられる多項式は係数が実数であるから，この場合，共役な複素数も解となる。すなわち，A_n が複素数 $B_n + \imath C_n$ である場合，$F(A_n) = 0$ より $\overline{F(A_n)} = F(\overline{A_n})$ となるから，A_n の共役な複素数 $\overline{A_n} = B_n - \imath C_n$ も $F(x) = 0$ の解となるのである。もちろん B_n と C_n は実数であり，記号の上線は共役複素数を表す。

11.2 一定値をとる解の安定・不安定

式 (11.5) で与えられた微分方程式 (11.1) の解である．この関数の安定・不安定を調べるため，式 (11.6) の y を使って微分方程式を書き直す．当然のことであるが，式 (11.7) が導かれる．係数 $F'(A_n)$ は，A_n が複素数であるため複素数となる．複素数 $F'(A_n)$ の実部と虚部を $\Re\{F'(A_n)\}$ と $\Im\{F'(A_n)\}$ と書くと

$$y(t) = c\exp(F'(A_n)\,t)$$
$$= c\exp(\Re\{F'(A_n)\}\,t)(\cos(\Im\{F'(A_n)\}\,t) + \imath\sin(\Im\{F'(A_n)\}\,t))$$

として y を求めることができる．もちろん c は複素数の定数である．これから，$\Re\{F'(A_n)\} > 0$ であれば，y は 0 を中心に振動しながら発散し，逆に $\Re\{F'(A_n)\} < 0$ であれば，振動しながら 0 に収束することになる．$\Re\{F'(A_n)\}$ の正負で，複素数の一定値をとる解 $X^n(t)$ の安定・不安定が，つぎのように判定される．

$\Re\{F'(A_n)\} < 0$ のとき $X^n(t)$ は安定

$\Re\{F'(A_n)\} > 0$ のとき $X^n(t)$ は不安定

以上は解が複素数であることを許した場合であるが，実数の解しか許さない場合はどうであろうか．多項式 $F(x) = 0$ が複素数の解 A_n を持つ場合，$x = \Re\{A_n\}$ の付近で $F(x)$ は 0 にならず，$F(x) > 0$ か $F(x) < 0$ のどちらかである．すなわち $\dot{x} > 0$ か $\dot{x} < 0$ であるため，x の挙動はつぎのように判定される．

$F(\Re\{A_n\}) > 0$ のとき $x(t)$ は単調増加

$F(\Re\{A_n\}) < 0$ のとき $x(t)$ は単調減少

したがって，たとえ $\Re\{F'(A_n)\} < 0$ であっても，解を実数に限るのであれば，解が $\Re\{A_n\}$ に近づくことにはならない．

いままで，式 (11.5) の多項式 F に対し，$F(x) = 0$ の解がすべて異なることを暗に仮定していた．$F(x) = 0$ の解が重なる場合，一定値をとる関数 $X^n(t) = A_n$ の安定・不安定はどうなるのであろうか．簡単のため $A_{n-1} = A_n$ を仮定し，

X^n の安定・不安定を調べよう．もちろん，$A_{n-1} = A_n$ であっても，X^n は F が式 (11.5) で与えられた微分方程式の解である．式 (11.6) の y を使って微分方程式を書き直すと

$$\dot{y}(t) = F(A_n) + F'(A_n)\,y(t) + \frac{1}{2}F''(A_n)\,y^2(t) + \cdots$$
$$\approx \frac{1}{2}F''(A_n)\,y^2(t)$$

が導かれる．$F(A_n) = 0$ は明らかであるが，$F'(A_n) = 0$ となることは理解してほしい．$A_{n-1} = A_n$ より $(x - A_{n-1})(x - A_n) = (x - A_n)^2$ という項が多項式 F に含まれるため，1 階の微係数 F' も $x = A_n$ で 0 となるのである．$F''(A_n) \neq 0$ を仮定すると，近似された微分方程式の解は

$$y(t) = \frac{-2}{F''(A_n)(t - t_0)} \tag{11.8}$$

となる．ここで，t_0 は未知の定数である．初期値 x_0 が A_n に近い場合，$y(0) = x_0 - A_n$ を y の初期条件とすると，この定数は

$$t_0 = \frac{2}{F''(A_n)\,(x_0 - A_n)} \tag{11.9}$$

となる．式 (11.8) の y は $t = t_0$ で発散するから，$x_0 - A_n > 0$ であれば，y は t が増加するにつれて発散する．逆に $x_0 - A_n < 0$ であれば，y は 0 に収束する．以上より，$x = A_n$ が $F(x) = 0$ の重解である場合，A_n という一定値をとる関数 $X^n(t)$ は，微分方程式の解の一つであるとともに，式 (11.9) で与えられる t_0 の正負を決める $x_0 - A_n$ によって，つぎのように安定・不安定が判定される．

$x_0 - A_n < 0$ のとき $X^n(t)$ は安定

$x_0 - A_n > 0$ のとき $X^n(t)$ は不安定

$x = A_n$ が $F(x) = 0$ の 3 重解や 4 重解の場合も，計算は面倒になるが，上と同様の方法で $X^n(t)$ の安定・不安定を判断することができる．

11.3 初期値問題の解の安定・不安定

前節では，一定値をとる関数が微分方程式の解である場合における，解の安定・不安定を説明した。この一定値をとる関数を $X(t) = A$ とすると，X の安定・不安定を使うことで，初期条件が課された初期値問題の解 $x(t)$ の挙動がわかることも説明した。すなわち，X が不安定であれば，x は X から離れ，逆に X が安定であれば，x はこの X に近づくことになる。安定・不安定の判定には，A 付近の値をとる関数 $A + y$ が用いられている。この y は $X(t) = A$ からの乱れであり，この乱れが大きくなれば不安定，小さくなれば安定と判定する。

より一般的な場合として，本節では，式 (11.1) と式 (11.2) の初期値問題の解の安定・不安定を考えてみる。一定値をとる関数の場合と同様に，安定・不安定を判定するには，解に乱れを加えればよい。この乱れは，初期値の値や微分方程式の係数などが若干変化したことに起因する乱れである。初期値問題の解と乱れを x と y とし，$x + y$ を式 (11.1) に代入すると

$$\dot{x} + \dot{y} = F(x+y) = F(x) + F'(x(t))\,y + \cdots$$

を得る。左辺は $F(x+y)$ を x のまわりでテイラー展開している。x が解であり，y が微小であるから高次の項を無視して 1 次の項で打ち切ると，y に関するつぎの微分方程式を得る[†]。

$$\dot{y}(t) = F'(x(t))\,y(t) \qquad (t > 0) \tag{11.10}$$

もちろん，初期条件は $y(0) = 0$ であるから，$y(t) = 0$ が解である。

例えば，初期値が乱れて $y(0)$ が 0 以外の値になった場合を考える。乱れを ε とすると，$y(0) = \varepsilon$ という初期条件を式 (11.10) に課すことになる。また，微分方程式の係数などが若干変化した場合，その時点までは 0 であった解の乱れが突然 ε になると考えることができる。この場合，解が乱れた時間を改めて

[†] 左辺の y の係数 $F'(x(t))$ は時間によって変化するため，y の関数形はけっして $\exp(F'(x(t))\,t)$ という単純なものではないことに注意が必要である。

$t = 0$ とおけば，初期条件の乱れと同じように取り扱うことができる。いずれにせよ，式 (11.2) の微分方程式の解は $y(t) = 0$ であるから，0 という一定値をとる関数の安定・不安定を調べればよいことになる。

前節までの説明から明らかなように，$y(t) = 0$ という解の安定・不安定は係数 $F'(x(t))$ の正負を使って，つぎのように判定される。

$F'(x(t)) < 0$ のとき $y(t)$ は安定

$F'(x(t)) > 0$ のとき $y(t)$ は不安定

すなわち，$F'(x(t)) < 0$ であれば，$t = 0$ で ε の値をとった $y(t)$ は 0 に近づいていくが，逆に $F'(x(t)) > 0$ であれば，$y(t)$ は ε から指数関数的に増大することになる。もちろん，$y(t)$ が増大すると，テイラー展開を 1 次の項で打ち切った $F(x + y) = F(x) + F'(x) y$ の誤差が大きくなるため，さらなる検討が必要である。しかし，$F'(x) < 0$ である限り y は小さいままであり，式 (11.10) に大きな誤差は含まれない。したがって，$F'(x) < 0$ である限り，若干の乱れ ε が $x(t)$ に加わって $x(t) + y(t)$ となったとしても，$y(t)$ は 0 に向かって指数関数的に減少する。この結果，初期値問題の解 $x(t)$ が安定であることがわかる。

演習問題

〔11.1〕 $\dot{x}(t) = \sin(x(t))$ を満たす一定値をとる解を求め，その中から安定なものを選べ。

〔11.2〕 $\dot{x}(t) = \sin^2(x(t))$ を満たす一定値をとる解を求め，その安定・不安定を議論せよ。$t = 0$ で若干の乱れ ε が加わったことを仮定すればよい。解の中から安定なものを選べ。

12章 分岐

◆**本章のテーマ**

微分方程式を使った境界値問題・初期値問題は，通常，唯一の解を持つ。しかし，ある状態を境として，境界値問題・初期値問題の解が唯一ではなくなり，さらにまったく異なる解が妥当な解となる場合がある。本章ではこれを「分岐」(bifurcation) と呼ぶ。分岐は，境界値問題・初期値問題が複数の解を持つ場合，最も妥当な解が選ばれることで起こる。

◆**本章の構成（キーワード）**

12.1 解の唯一性
　　　　安定な解，不安定な解
12.2 梁-柱の座屈問題
　　　　トリビアルな解，トリビアルでない解
12.3 座屈問題の解の分岐
　　　　固有値問題，座屈荷重

◆**本章を学ぶと以下の内容をマスターできます**

☞ 境界値問題・初期値問題の解が唯一であるとは限らないこと
☞ 解が唯一でなくなった場合，そして，もとの唯一の解が安定性を失った場合，まったく別の解が妥当な解となること

12. 分　　　岐

12.1　解 の 唯 一 性

　土木工学・環境工学で扱う数理問題は，解が唯一であることが暗黙に仮定されている．確かに対象とする物理現象や社会現象は一つであり，適当な仮定に基づいて現象をモデル化し，それを数理問題として設定した場合，数理問題が唯一の解を持つことは当然のことのように思われる．しかし，解の唯一性には，数理的な保証はなにもない．仮定の間違いやモデル化の際の近似によって，解が唯一でないような数理問題を設定してしまう場合はある．しかし，普通の場合には解が唯一であるが，特殊な場合には唯一性が失われてしまうような数理問題が設定されていることもある．

　数値計算を使って数理問題を解く場合，解の唯一性が保証されない場合でも，一つの解が計算されてしまうことがある．元来，数値計算に使われるアルゴリズムは，対象とする問題の解が唯一であることが仮定されている．したがって，数値計算で解が得られたといっても，解が唯一であることは保証されないのである．数値計算による解法は，むしろ，解の唯一性が保証された数理問題であること，できれば解が安定であることも保証された数理問題であることを確かめてから使うべきである．解が唯一であれば，どのような方法で得られた解であっても解であり，解が安定であれば，数値計算そのものに伴う数値誤差が解に与える影響は小さいからである．

　さて，話をもとに戻すと，土木工学・環境工学の重要な問題は，解の唯一性が保証されている問題ばかりでなく，複数の解を持つ問題がある．数理的には複数の解を求めれば終わりであるが，工学的には解が複数であったら意味がない．設定された数理問題の不備を補って，複数の解の中からどの解が妥当かを判定することが望まれる．

　解の唯一性が保証されない数理問題に対して，解の安定・不安定という考え方を適用すると，複数の解の中から妥当な解を選択できる場合がある．数理問題としては，解が複数であっても，他の解と比べて起こりやすい解があれば，それは妥当な解となりうるのである．さて，前章では時間に関する微分方程式の

解の安定・不安定を示したが，基本的な考え方は，安定な解があれば初期値問題の解はその解に近づき，不安定な解があったらその解には近づかない，というものであった．本章で扱う問題のように，複数の解がある場合，おのおのの解の安定・不安定がわかれば，安定な解は起こりやすく，不安定な解は起こりにくい，ということになる．また，解の安定・不安定は，なんらかの原因で加わった解の乱れが減少するか増加するかを調べることで判定される．本章もこの方法を採用する．

本章のタイトルである解の分岐は，解の唯一性と安定性の二つの概念を踏まえたものである．本章で説明する分岐とは，数理問題がある時点で解の唯一性を失う場合，そして唯一の解が安定性を失う場合，起こりやすい解はそれまでになかった解に変わるという意味である．唯一性の喪失を解の分岐と考えることはせずに，唯一解の安定性の喪失も必要になる．数値計算でこのような問題を解く場合，解の唯一性や安定性の喪失を意識せず，唯一解と分岐した解が自然に得られることになる．数値計算に伴う数値誤差のため，数値計算では安定な解を自然に選ぶからである．

12.2 梁-柱の座屈問題

土木工学・環境工学では古典的な重要問題である梁-柱の座屈問題を例に，解の唯一性の喪失と安定性の喪失を説明する．最初に復習をかねて座屈問題を整理する．スパン1の単純支持の梁-柱では，座屈問題はつぎの境界値問題として定式化される．

$$\begin{cases} \dfrac{\mathrm{d}^4 w}{\mathrm{d}x^4}(x) + P\dfrac{\mathrm{d}^2 w}{\mathrm{d}x^2}(x) = 0 & (0 < x < 1 \text{ のとき}) \\ w(x) = 0, \quad w''(x) = 0 & (x = 0, 1 \text{ のとき}) \end{cases} \tag{12.1}$$

ここで w はたわみ，P は圧縮荷重である．境界条件は両端でたわみ0，モーメント0に対応する．簡単のため，梁-柱の断面積と断面2次モーメント，そして弾性係数はすべて1としている．

微分方程式 (12.1) をよくみると，微分方程式に外から加わる項はなく，境界からも外から加わる項がないことがわかる．荷重 P が微分方程式に含まれているが，係数として使われている．したがって

$$w^T(x) = 0 \qquad (0 < x < 1) \tag{12.2}$$

というトリビアルな解があることがわかる．P がどのような値をとっても，式 (12.2) の w^T は境界値問題 (12.1) を満たすのである．なお，上添え字 T は "trivial" の T である．

トリビアルな解が見つかったが，式 (12.1) をきちんと解くことにする．境界値問題の解法は，最初に微分方程式の解を求め，つぎに境界条件を満たす解を探すという手順である．微分方程式は定数係数であるから，指数関数ないし三角関数を使って解を表すことができる．微分方程式は 4 階であるが，2 階以上の微係数しか使われていないため，三角関数を使ったつぎの形式を仮定する．

$$\frac{d^2 w}{dx^2}(x) = C_0 \sin(Ax) + C_1 \cos(Ax)$$

もちろん C_0 と C_1 も未知の係数であり，未知の正の定数 A が正弦関数と余弦関数に使われている．両辺を 2 階積分し，正弦関数と余弦関数の係数を改めて C_0 と C_1 とすると

$$w(x) = C_0 \sin(Ax) + C_1 \cos(Ax) + C_2 + C_3 x$$

となる．仮定された w を微分方程式に代入すると

$$(A^4 - PA^2)(C_0 \sin(Ax) + C_1 \cos(Ax)) = 0$$

となる．上式が $0 < x < 1$ で成立するためには，$A^4 - PA^2 = 0$，すなわち $A = \sqrt{P}$ でなければならない[†1]．したがって，微分方程式の解は，未知の四つの係数を使ったつぎの関数である．

$$w(x) = C_0 \sin\left(\sqrt{P}x\right) + C_1 \cos\left(\sqrt{P}x\right) + C_2 + C_3 x$$

つぎに，境界条件を使って境界値問題の解を探す．四つの境界条件のうち，$w''(0) = 0$ から $C_1 = 0$，つぎに $w(0) = 0$ から $C_2 = 0$ が導かれる．残った境界条件のうち，$w''(1) = 0$ から $C_0 \sin\sqrt{P} = 0$，$w(1) = 0$ から $C_0 \sin\sqrt{P} + C_3 = 0$ が導かれる．すなわち $C_1 = C_2 = C_3 = 0$ であり，値が決まっていない係数 C_0 は

$$C_0 \sin\sqrt{P} = 0$$

を満たす．したがって，$\sin\sqrt{P} \neq 0$ であれば $C_0 = 0$ である．しかし，$\sin\sqrt{P} = 0$ であれば C_0 は不定となる．$\sin\sqrt{P} = 0$ となるのは $P = (n\pi)^2$ のときであり，このとき

$$w(x) = C_0 \sin(n\pi x) \qquad (n = 1, 2, \cdots) \tag{12.3}$$

という解があることになる．もちろん $C_0 \neq 0$ である．

12.3　座屈問題の解の分岐

通常，境界値問題 (12.1) は，式 (12.2) の $w^T(x) = 0$ とは異なる解が存在するための P の値を探すという意味で，固有値問題と呼ばれる．トリビアルでない解があると，トリビアルな解に代わってこの解が実際に起こると，暗黙のうちに仮定されている．すなわち，$P = (n\pi)^2$ の場合，式 (12.3) が妥当な解な

[†1]　（前頁）　三角関数の代わりに指数関数 $\exp(Ax)$ を代入すると，$A^4 + PA^2 = 0$ となり，この方程式の解は $A = \pm\imath\sqrt{P}$ と重解 $A = 0$ である．最初の解に対応して $\exp(\pm\imath\sqrt{P}x)$，すなわち $\sin(\sqrt{P}x)$ と $\cos(\sqrt{P}x)$ が微分方程式の解となる．重解に対応した関数が 1 と x である．1 は $\exp(0x) = 1$ より明らかであるが，x が解になることには説明が必要である．重解をもたらす $A^2 = 0$ を $\lim_{a \to 0} A(A-a) = 0$ として考える．$A = a$ に対応して $\exp(ax)$ が解になるが，a が 0 になる極限でこの解は $\exp(0x)$ に一致する．そこで，つぎの極限を計算する．

$$\lim_{a \to 0} \frac{\exp(ax) - \exp(0x)}{a}$$

簡単な計算により，この極限が x であることがわかる．解の差も解であることを利用して，重解になる場合に x が解になることを示している．

のである．座屈荷重に達すると座屈が起こるという実験事実が，この解が妥当であることを示している．これは，荷重である P を 0 から徐々に増やしていくと，$P = \pi^2$ となった時点で，$w^T(x) = 0$ というトリビアルな解とは別の，式 (12.3) の解の一つである $w(x) = C_0 \sin(\pi x)$ に変わったことを意味している．$P < \pi^2$ までは解は唯一であったが，$P = \pi^2$ となった時点で解は唯一でなくなり，いままでの解とは別の解に変わったのである．12.1 節で触れたように，本章ではこれを解の分岐と呼ぶ．座屈問題の解の分岐には，つぎの 2 点が重要である．第一の点は，$P = \pi^2$ で解の唯一性が失われて複数の解が存在するようになったことである．第二の点は，$w^T(x) = 0$ という解が不安定な解であることである．この解が不安定であるため，この解を離れて他の解に変わるのである．

上で示した解の分岐の説明は，直観的には納得できるかもしれないが，数理的にはまったく厳密ではない．分岐の二つの重要な点のうち，解の唯一性の喪失は明らかであるが，トリビアルな解の安定・不安定が明確ではないからである．実際，境界値問題の枠では解の安定・不安定を明確に説明することは難しい．安定・不安定を明確にするために，境界値問題 (12.1) の微分方程式で仮定されていた準静的状態の仮定を外し，動的状態を考える．関数 $w(x)$ の常微分方程式をつぎの $w^*(x,t)$ の偏微分方程式に換えるのである．

$$\frac{\partial^4 w^*}{\partial x^4}(x,t) + P \frac{\partial^2 w^*}{\partial x^2}(x,t) - \frac{\partial^2 w^*}{\partial t^2}(x,t) = 0 \tag{12.4}$$

ここで密度は 1 としている．なお，最初に仮定したが，梁-柱の断面積は 1 である．

初期値と境界値を設定して偏微分方程式 (12.4) を解くことは可能であるが，トリビアルな解 $w^T(x) = 0$ の $P = \pi^2$ での安定・不安定を調べるために，簡略な方法を使うことにする．このため，つぎの形の解を考える．

$$w^*(x,t) = T(t) \sin\left(\sqrt{P} x\right)$$

右辺の x に関する関数 $\sin\left(\sqrt{P} x\right)$ は，$P = \pi^2$ では式 (12.3) と同じ形になる．また，t に関する関数 $T(t)$ が 0 であれば，式 (12.2) と同じである．この w^* を

式 (12.4) に代入する際，仮定した w^* の中の P に若干の乱れが加わった状態を考える．すなわち，$\sin\left(\sqrt{P}x\right)$ を $\sin\left(\sqrt{P+\mathrm{d}P}x\right)$ に変えるのである．代入の結果

$$(P+\mathrm{d}P)^2 T(t) \sin\left(\sqrt{P+\mathrm{d}P}x\right) - P(P+\mathrm{d}P)T(t)\sin\left(\sqrt{P+\mathrm{d}P}x\right)$$
$$-\frac{\mathrm{d}^2 T}{\mathrm{d}t^2}(t)\sin\left(\sqrt{P+\mathrm{d}P}x\right) = 0$$

となり，$\mathrm{d}P^2$ の項を無視すれば，つぎの T の微分方程式が得られる．

$$\frac{\mathrm{d}^2 T}{\mathrm{d}t^2}(t) - P\,\mathrm{d}P\,T(t) = 0 \tag{12.5}$$

ここで $P > 0$ であるから，この微分方程式の解は

$$\begin{cases} T(t) = T_1 \sin\left(\sqrt{-P\,\mathrm{d}P}\,t\right) + T_2 \cos\left(-\sqrt{P\,\mathrm{d}P}\,t\right) & (\mathrm{d}P < 0 \text{ のとき}) \\ T(t) = T_1 \exp\left(-\sqrt{P\,\mathrm{d}P}\,t\right) + T_2 \exp\left(\sqrt{P\,\mathrm{d}P}\,t\right) & (\mathrm{d}P > 0 \text{ のとき}) \end{cases}$$
$$\tag{12.6}$$

となる．ここで，T_1 と T_2 は未知の係数である．荷重の乱れ $\mathrm{d}P < 0$ の場合，すなわち P が座屈荷重 $P = \pi^2$ より小さい場合，T は時間とともに周期的に変わり，その大きさは $\sqrt{T_1^2 + T_2^2}$ を超えることはない．トリビアルな解 $w^T(x) = 0$ から離れることはないのである．一方，$\mathrm{d}P > 0$ となる場合，すなわち P が座屈荷重 $P = \pi^2$ より少しでも大きくなる場合，$\exp\left(\sqrt{P\,\mathrm{d}P}\,t\right)$ は指数関数的に増大する．したがって，トリビアルな解 $w^T(x) = 0$ から離れることになる．

以上をまとめると，座屈荷重 $P = \pi^2$ の付近でのトリビアルな解は，荷重の乱れ $\mathrm{d}P$ に対して，$\mathrm{d}P < 0$ では安定であるが，$\mathrm{d}P > 0$ では不安定になることがわかる．したがって，$\mathrm{d}P > 0$ の場合，なんらかの乱れが解に加わると，この解はトリビアルな解から離れる．式 (12.5) を使う限り，解の唯一性が喪失する $P = \pi^2$ の時点で，トリビアルな解の安定性も喪失する．この結果，トリビアルでない解，すなわち $w(x) = C_0 \sin(\pi x)$ という解が実際に起こるのである．式 (12.5) と式 (12.6) から明らかであるが，すべての座屈荷重 $P = (n\pi)^2$ についても，荷重の乱れ $\mathrm{d}P > 0$ に対してトリビアルな解は不安定になる．すなわち，トリビアルな解の唯一性と安定性の喪失が $P = (n\pi)^2$ で起こるのである．

本章を閉じる前に，偏微分方程式 (12.4) の一般的な解法を示す．最初に解の形式を $w^*(x,t) = w(x)T(t)$ と仮定する．これは**変数分離** (separation of variables) 法と呼ばれる方法である．式 (12.4) に $w^*(x,t)$ を代入し，両辺を $w(x)T(t)$ で割ると

$$\frac{1}{w}\left(\frac{\mathrm{d}^4 w}{\mathrm{d}x^4} + P\frac{\mathrm{d}^2 w}{\mathrm{d}x^2}\right) + \frac{1}{T}\frac{\mathrm{d}^2 T}{\mathrm{d}t^2} = 0$$

となる．この式から左辺に x の関数，右辺に t の関数をおいた，つぎの式が導かれる．

$$\frac{1}{w}\left(\frac{\mathrm{d}^4 w}{\mathrm{d}x^4} + P\frac{\mathrm{d}^2 w}{\mathrm{d}x^2}\right) = -\frac{1}{T}\frac{\mathrm{d}^2 T}{\mathrm{d}t^2}$$

もちろん，この式の値は x と t によらない定数である．この定数を λ^2 とおくと，$w(x)$ と $T(t)$ に対するつぎの二つの微分方程式を得ることができる．

$$\frac{\mathrm{d}^4 w}{\mathrm{d}x^4}(x) + P\frac{\mathrm{d}^2 w}{\mathrm{d}x^2}(x) - \lambda^2 w(x) = 0$$

$$\frac{\mathrm{d}^2 T}{\mathrm{d}t^2}(t) + \lambda^2 T(t) = 0$$

境界条件と初期条件を使って λ を決定することになる．

なお，初期条件を

$$T(0) = 0 \quad \text{かつ} \quad \frac{\mathrm{d}T}{\mathrm{d}t}(0) = 0$$

とすると，λ の値によらずつねに $T(t) = 0$ となってしまう．したがって，$t = 0$ で乱れ，$T(0) = \mathrm{d}T$ が加わることを仮定する必要がある．

演習問題

〔**12.1**〕座屈問題の境界条件を両端固定とした場合，すなわち

$$\begin{cases} \dfrac{\mathrm{d}^4 w}{\mathrm{d}x^4}(x) + P\dfrac{\mathrm{d}^2 w}{\mathrm{d}x^2}(x) = 0 & (0 < x < 1 \text{ のとき}) \\ w(x) = 0, \quad w'(x) = 0 & (x = 0, 1 \text{ のとき}) \end{cases}$$

を考える．トリビアルな解と，最小の座屈荷重をかけた際の解を求めよ．

13章 摂動

◆本章のテーマ

微分方程式の近似解を求める方法の一つとして摂動展開がある。微分方程式に含まれるパラメータを使い，パラメータに関して解を展開し，近似解を求める方法である。

◆本章の構成（キーワード）

13.1 漸近展開
   関数の近似
13.2 摂動展開
   摂動展開を用いた微分方程式の解法
13.3 特異摂動展開
   特異摂動展開を用いた微分方程式の解法

◆本章を学ぶと以下の内容をマスターできます

☞ パラメータを持つ微分方程式に対し，パラメータに関して漸近展開された解が近似解となること

☞ パラメータを微小な摂動とみることで，漸近展開された解を求める簡単な方法があること

13.1 漸近展開

関数を近似する方法の一つに**漸近展開**（asymptotic expansion）[†]がある。例として関数 $u(x)$ を考え，この関数 $u(x)$ を簡単な関数

$$p_n(x) \quad (n = 0, 1, \cdots)$$

の和として，つぎのように近似する．

$$u(x) \simeq \sum_{n=0}^{N} u_n\, p_n(x)$$

ここで，u_n は $p_n(x)$ の適当な係数である．$\{p_n\}$ を選ぶ際，和をとる項の数 N が増えるにつれて $\sum_{n=0}^{N} u_n\, p_n(x)$ が $u(x)$ に近づくようにすることが重要である．

上記の考察をもとに，例えば $x = a$ の近くでの $p_n(x)$ に注目して

$$\lim_{x \to a} \frac{p_{n+1}(x)}{p_n(x)} = 0 \qquad (n = 0, 1, 2, \cdots) \tag{13.1}$$

という条件と

$$\lim_{x \to a} \frac{u(x) - \sum_{n=0}^{N} u_n\, p_n(x)}{p_N(x)} = 0 \qquad (N = 1, 2, \cdots) \tag{13.2}$$

という条件の二つを $\{p_n\}$ に課す．式 (13.1) は，$x = a$ の近くで p_n は 0 となるが，p_{n+1} が p_n より速く 0 になることを意味している．すなわち，和を $u(x)$ に近づけるために加えられる p_n は，n が大きくなるにつれてより小さい値をとるのである．式 (13.2) は，u と $\sum u_n p_n$ の差は $x = a$ の近くで p_N より速く

[†] 漸近展開をより厳密に定義することもできるが，本章の定義で十分である．漸近展開の定義にはランダウの記号 o が使われることが多い．二つの関数 $f(x)$ と $g(x)$ が $\lim_{x \to a} \dfrac{g(x)}{f(x)} = 0$ を満たすとき，$g(x) = o(f(x))$ として表す．この記号を使えば，式 (13.1) と式 (13.2) は

$$p_{n+1}(x) = o(p_n(x)), \quad u(x) - \sum_{n=0}^{N} u_n\, p_n(x) = o(p_N(x))$$

と書き直すことができる．

0 になることを意味している．すなわち，和の項数 N が増えるに従って差が小さくなるのである．この二つの条件を満たす $\{p_n\}$ に対して，記号 $\sim$ を使い

$$u(x) \sim \sum_{n=0}^{N} u_n \, p_n(x) \tag{13.3}$$

とすることができる．式 (13.3) が $u(x)$ の漸近展開である．

$p_n = x^n$ とし，$a = 0$ とすると，$\sum u_n p_n$ の漸近展開は関数 u の $x = 0$ 付近でのテイラー展開である．この意味で，テイラー展開は関数の漸近展開の 1 種類と考えることができる．もちろん，漸近展開では p_n を x のべき乗の関数に限る必要はない．式 (13.1) を満たすとともに，もとの関数との差が式 (13.2) を満たす適当な関数の組みを見つければよいのである．一方，テイラー展開は，滑らかな関数を対象として適用され，$\{p_n\}$ として x のべき乗を使えることと，x のべき乗を使った場合の係数は関数の微係数となることの 2 点を利用している．

13.2 摂動展開

複雑な数理問題に対して，漸近展開を使うことで正確かつ簡便に近似解を得ることができる場合がある．簡単な例として，つぎの境界値問題を考える．

$$\begin{cases} \dfrac{\mathrm{d}}{\mathrm{d}x}\left(E(x)\dfrac{\mathrm{d}u}{\mathrm{d}x}\right) = f(x) & (0 < x < 1 \text{ のとき}) \\ u(x) = 0 & (x = 0, 1 \text{ のとき}) \end{cases} \tag{13.4}$$

この境界値問題は，分布荷重 f が作用するときの棒の伸び u を求める問題である．棒は長さが 1 で，材料は不均一である．弾性係数 E が場所 x の関数になっているため，棒は均一ではなく不均一である．境界条件は棒の両端が固定されている条件である．

弾性係数の平均値を 1，平均からのずれを $\mathrm{d}E$ として，微分方程式の E を $E + \mathrm{d}E$ に変える．そして，平均からのずれ $\mathrm{d}E$ が $E = 1$ に比べて小さいことを仮定する．すなわち

$$\max\{|\mathrm{d}E(x)|\} = \varepsilon \quad (\ll 1) \tag{13.5}$$

である。max は $0 < x < 1$ の間の $\mathrm{d}E$ の最大値である。関数 u のつぎの漸近展開を考える[†]。

$$u(x) \sim u_0(x) + \varepsilon\, u_1(x) \tag{13.6}$$

式 (13.6) は ε に関する**摂動展開**（perturbation expansion）とも呼ばれる。微分方程式をつぎのように書き換える。

$$\frac{\mathrm{d}}{\mathrm{d}x}\left((1+\varepsilon g(x))\frac{\mathrm{d}u}{\mathrm{d}x}(x)\right) = f(x)$$

ここで，g は $\mathrm{d}E$ を ε で割ったもので，式の見通しをよくするために $\mathrm{d}E$ の代わりに使う。式 (13.6) を上式の左辺に代入すると

$$\frac{\mathrm{d}}{\mathrm{d}x}\left(\frac{\mathrm{d}u_0}{\mathrm{d}x}(x) + \varepsilon\left(g\frac{\mathrm{d}u_0}{\mathrm{d}x}(x) + \frac{\mathrm{d}u_1}{\mathrm{d}x}(x)\right) + \varepsilon^2\frac{\mathrm{d}u_1}{\mathrm{d}x}(x)\right) = f(x)$$
$$(0 < x < 1) \tag{13.7}$$

となる。また，境界条件は

$$u_0(x) + \varepsilon\, u_1(x) = 0 \qquad (x = 0,\, 1) \tag{13.8}$$

である。

　式 (13.7) の両辺をパラメータ ε の多項式とみる。左辺の第 1 項と第 2 項は ε^0 と ε^1 に対応した項であり，右辺は ε^0 に対応した項である。パラメータ ε が値を変えても式 (13.7) が成立する条件を考える。最初に ε^0 のオーダで式 (13.7) が成立する必要がある。このためには，u_0 がつぎの微分方程式を満たすことになる。

$$\frac{\mathrm{d}^2 u_0}{\mathrm{d}x^2}(x) = f(x) \qquad (0 < x < 1) \tag{13.9}$$

境界条件から $u_0(0) = u_0(1) = 0$ が導かれる。これは式 (13.9) の境界条件としては十分であり，この境界値問題を解くことで関数 u_0 を求めることができる。

[†] u_0 と εu_1 が式 (13.3) の p_0 と p_1 に対応し，ε が 0 になる極限を考えると，領域 $0 < x < 1$ のすべての点で，式 (13.1) と式 (13.2) の条件を満たしている。

つぎに，ε^1 のオーダで漸近展開された微分方程式が成立するためには，u_1 がつぎの式を満たすことが必要である．

$$\frac{d^2 u_1}{dx^2}(x) + \frac{d}{dx}\left(g(x)\frac{du_0}{dx}(x)\right) = 0 \qquad (0 < x < 1) \tag{13.10}$$

u_1 の境界条件も $u_1(0) = u_1(1) = 0$ となることは明らかである．したがって，u_0 が求められていれば u_1 の境界値問題が与えられることになり，これを解くことで関数 u_1 を求めることができる．もとの境界値問題 (13.4) の微分方程式では微係数の係数に x の関数が使われているが，式 (13.9) と式 (13.10) は定数係数の微分方程式である．したがって，簡単にかつ精度よく解くことができる．これが摂動展開を使った解である．

13.3 特異摂動展開

材料の問題では，弾性係数の変動はけっして小さくない．むしろ構造物のサイズに比べて短い空間スケールで激しく変化することが多い．これを表すため，変数 x を使って

$$y = \frac{x}{\varepsilon} \qquad (\varepsilon \ll 1)$$

を定義する．若干の x の変化で y は大きく変わることになる．そこで

$$E(x) = 1 + dE(y)$$

とする．なお，dE は小さい値ではない．このため，式 (13.6) のような摂動展開は有効ではない．これを示すために，摂動展開の項数をつぎのように増やす場合を考えてみる．

$$u(x) = u_0(x) + \varepsilon u_1(x) + \varepsilon^2 u_2(x) + \cdots$$

逐次的に u_0, u_1 と摂動展開に使われた関数を求めることができる．実際，u_{n-1} が得られた場合，u_n は

$$\frac{\mathrm{d}^2 u_n}{\mathrm{d}x^2}(x) + \frac{\mathrm{d}}{\mathrm{d}x}\left(g(x)\frac{\mathrm{d}u_{n-1}}{\mathrm{d}x}(x)\right) = 0 \qquad (0 < x < 1)$$

という微分方程式と，境界条件 $u_n(0) = u_n(1) = 0$ を使って求めることができる．したがって，ε が小さい場合，展開項数の数が少なくても精度の高い近似解[†]を得ることができる．しかし，ε が例えば 1 を超えるような数の場合，多数の展開項数を使っても，精度の高い近似解が得られるとは限らない．

弾性係数の平均からのずれ $\mathrm{d}E$ を $y = \dfrac{x}{\varepsilon}$ の関数としたため，通常の摂動展開の代わりに，つぎの**特異摂動**（singular perturbation）を使って変位を展開する．

$$u(x) \sim u_0(x) + \varepsilon u_1(x, y) \tag{13.11}$$

式 (13.6) と比較すると，第 2 項の u_1 が x と y の 2 変数関数となっているところが特徴である．この第 2 項は ε がかけられているため第 1 項に比べて小さいが，その微係数は ε を含まない項を持つ．実際式 (13.11) の左辺の微係数を計算すると

$$\frac{\mathrm{d}u_0}{\mathrm{d}x}(x) + \frac{\partial u_1}{\partial y}(x, y) + \varepsilon\left(\frac{\partial u_1}{\partial x}(x, y)\right)$$

となる．もちろん u_1 の x に関する微分は

$$\frac{\mathrm{d}}{\mathrm{d}x} = \frac{\partial}{\partial x} + \frac{1}{\varepsilon}\frac{\partial}{\partial y}$$

として，x と y の偏微分に変えている．このとき y に関する偏微分に係数 $1/\varepsilon$ がかけられるのである．式 (13.11) を微分方程式に代入すると

$$\begin{aligned}
&\varepsilon^{-1}\left(\frac{\partial}{\partial y}\left((1+\mathrm{d}E(y))\left(\frac{\mathrm{d}u_0}{\mathrm{d}x}(x) + \frac{\partial u_1}{\partial y}(x, y)\right)\right)\right) \\
&+ \varepsilon^0\left(\frac{\partial}{\partial x}\left((1+\mathrm{d}E(y))\left(\frac{\mathrm{d}u_0}{\mathrm{d}x}(x) + \frac{\partial u_1}{\partial y}(x, y)\right)\right)\right. \\
&\left. + \frac{\partial}{\partial y}\left((1+\mathrm{d}E(y))\left(\frac{\partial u_1}{\partial x}(x, y)\right)\right)\right) + \cdots = f(x)
\end{aligned} \tag{13.12}$$

[†] $\{\varepsilon^n u_n\}$ が漸近展開となるのは $\varepsilon < 1$ のときである．

13.3 特異摂動展開

となる。第3項以降は ε の項である。境界条件より

$$u_0(x) = 0 \quad (x = 0, 1) \tag{13.13}$$

が導かれる。しかし，2変数関数となる u_1 の境界条件を設定するには，注意が必要である。

摂動展開と同様に，特異摂動展開でも ε のべき乗ごとに式 (13.12) が成立する条件を考えて，展開に使われた u_0 と u_1 を求める。左辺には ε^{-1} の項が含まれるが，これは0でなければならない。この項は y に関する微分しか現れないため，u_1 に対し，つぎのように変数分離された形を仮定する。

$$u_1(x, y) = \chi(y)\frac{du_0}{dx}(x) \tag{13.14}$$

仮定された u_1 を代入すると，$\dfrac{du_0}{dx}$ がいかなる値であれ，関数 χ が次式を満たす場合，左辺の ε^{-1} の項はつねに0になる。

$$\frac{d}{dy}\left((1 + dE(y))\left(1 + \frac{d\chi(y)}{dy}\right)\right) = 0 \tag{13.15}$$

これは変数 y の関数である χ の微分方程式である。変数の範囲も境界条件も未定であるが，$dE(y)$ が与えられていることを利用して，例えば $x - \varepsilon$ から $x + \varepsilon$ に対応した

$$\frac{x}{\varepsilon} - 1 < y < \frac{x}{\varepsilon} + 1$$

の領域を考えることにする。この y の領域の境界を $y_0 = x/\varepsilon - 1$ と $y_1 = x/\varepsilon + 1$ とし，境界条件として

$$\chi(y) = 0 \quad \text{または} \quad \frac{d\chi}{dy}(y) = 0 \quad (y = y_0 \text{ または } y_1)$$

といった変位固定の条件や反力が0となる条件，もしくは

$$\chi(y_0) = \chi(y_1) \quad \text{かつ} \quad \frac{d\chi}{dy}(y_0) = \frac{d\chi}{dy}(y_1)$$

という周期境界条件を考えることができる。当面，適当な領域と境界条件[†]で χ を求めることとする。

つぎに，式 (13.12) が ε^0 のべき乗で成立することを考える。左辺の第2項が右辺と等しくなればよく，χ を使ってこの条件を書き直すと

$$\frac{\partial}{\partial x}\left((1+\mathrm{d}E(y))\left(1+\frac{\mathrm{d}\chi(y)}{\mathrm{d}y}\right)\frac{\mathrm{d}u_0}{\mathrm{d}x}(x)\right) = f(x) \qquad (0 < x < 1)$$

となる。左辺は y に依存する項 $(1+\mathrm{d}E)(1+\chi)$ が x に依存する項と分離されており，右辺は x のみの関数である。このため，x を固定した $y_0 < y < y_1$ という y の領域で左辺の y に関する平均を計算し，左辺も x のみの関数とする。すなわち

$$\frac{\mathrm{d}}{\mathrm{d}x}\left(\overline{E}(x)\frac{\mathrm{d}u_0}{\mathrm{d}x}(x)\right) = f(x) \qquad (0 < x < 1) \qquad (13.16)$$

とする。ここで $\overline{E}$ は

$$\overline{E}(x) = \frac{1}{2}\int_{y_0}^{y_1}(1+\mathrm{d}E(y))\left(1+\frac{\mathrm{d}\chi(y)}{\mathrm{d}y}\right)\mathrm{d}y \qquad (13.17)$$

である。u_0 の境界条件は式 (13.13) で与えられるため，$\overline{E}$ が与えられれば，式 (13.17) を解くことで u_0 を求めることができる。

上記の計算方法では，式 (13.12) の ε^0 の項は近似的にしか解かれていない。実際，式 (13.17) と式 (13.13) で決まる u_0 を使うと，式 (13.12) の右辺には

$$\frac{\partial}{\partial x}\left(\left((1+\mathrm{d}E(y))\left(1+\frac{\mathrm{d}\chi}{\mathrm{d}y}(y)\right) - \overline{E}(x)\right)\frac{\mathrm{d}u_0}{\mathrm{d}x}(x)\right)$$
$$+ \frac{\partial}{\partial y}\left((1+\mathrm{d}E(y))\chi(y)\frac{\mathrm{d}^2 u_0}{\mathrm{d}x^2}(x)\right)$$

という ε^0 の項が残る。この項を消すためには，摂動展開のつぎの項が必要である。

さて，式 (13.16) の形式から明らかなように，$\overline{E}$ は x の関数として与えられる弾性係数であり，空間的に激しく変化する y の関数であった $1+\mathrm{d}E$ に代わ

[†] 最も適当な領域や境界条件の決め方は，数理的には面白い課題である。例えば，領域を無限大とし，周期境界条件を使うことが研究されている。しかし，本書ではこれ以上の議論は行わない。

るものである．式 (13.17) で定義される $\overline{E}$ は有効弾性と呼ばれる．有効弾性は単なる $1 + dE$ の空間平均ではない．y の関数である χ を導入し，その空間平均を求めることで計算されている．χ の領域や境界条件の設定は恣意的であるが，ε が小さいほど，$\overline{E}$ を使った特異摂動展開はよい近似解を与えることが知られている．

演習問題

[**13.1**] $x^2 - 5.1x + 5.9 = 0$ を，摂動を使って解くことを考える．関数 $f(x)$ を

$$f(x; \varepsilon) = x^2 - (5 + \varepsilon)x + (6 - \varepsilon)$$

とおく．$\varepsilon = 0.1$ のとき，$f(x; \varepsilon) = 0$ が題意の方程式となる．x を

$$x = x_0 + \varepsilon x_1 + \varepsilon^2 x_2 + \cdots$$

として摂動展開し，$f(x; \varepsilon) = 0$ に対して，ε の 2 次までの近似解を求めよ．

[**13.2**] つぎの初期値問題において，$\varepsilon \ll 1$ を仮定して $u(t)$ に関する ε の 2 次までの近似解を求めよ．

$$\frac{du}{dt}(t) + u(t) = \varepsilon u(t)^2 \qquad (t > 0)$$
$$u(t) = 1 \qquad (t = 0)$$

[**13.3**] つぎの初期値問題を，以下の手順に従って求めよ．ただし，$\varepsilon \ll 1$ である．

$$\frac{d^2 u}{dt^2}(t) + u(t) + \varepsilon u(t)^3 = 0 \qquad (t > 0)$$
$$u(t) = 1, \quad \frac{du}{dt}(t) = 0 \qquad (t = 0)$$

1) つぎの式が t によらず一定となることを示す．

$$\left(\frac{du}{dt}(t)\right)^2 + u^2(t) + \frac{\varepsilon}{2} u^4(t)$$

2) t より長い時間スケール τ を，$\tau = \varepsilon t$ を用いて

$$u(t) \sim u_0(t, \tau) + \varepsilon u_1(t, \tau)$$

と仮定することで，$u(t)$ に関する ε の 0 次の近似解 $u_0(t, \tau)$ を求める．

14章 確率

◆本章のテーマ

物理や社会には確率的にばらつく量がある。数理ではこのような物理量を確率変数として扱う。特に重要な点は，一つの確率変数ではなく，多数の確率変数の組みを考えて，そのばらつきを調べることである。本章では，相関を使った方法を説明する。

◆本章の構成（キーワード）

14.1 ばらつきの評価の観点からみた確率
　　　　　相関の計測によるばらつきの評価
14.2 確率変数の組み
　　　　　確率変数，相関係数，自己相関係数
14.3 確率関数
　　　　　高次元，確率関数

◆本章を学ぶと以下の内容をマスターできます

☞ 確率変数の組みから，たがいに独立な確率変数が選べること
☞ 確率変数の組みは，独立な確率変数を使って表せること

14.1　ばらつきの評価の観点からみた確率

　土木・環境工学の学生にとって，確率はわかりやすいものではない。確率を使ったいろいろな応用があるにもかかわらず，確率の理解は初歩的な範囲に留まっている場合が多いように見受けられる。少しでも理解を助けるため，本章では，ばらつきの評価という観点に立って確率を説明する。あらかじめ確率がわかっていれば，ばらつきは簡単に計算できるため，評価は簡単である。しかし，確率的に変化する量に対し，実際に確率を知ることは容易ではない。確率がわからないが確率的に変化する量に対して，そのばらつきを評価することが必要になる。

　確率がよく理解できない状態で，確率的に変わるベクトル量・テンソル量や関数を扱うことはさらに難しい。すでに説明してきたように，本書で考えるベクトル量・テンソル量や関数は，物理現象や社会現象として実際にあるものであり，計測することでようやくその特性がわかる。確率的特性を正確に測ることはさらに難しいかもしれない。このようなベクトル量・テンソル量や関数のばらつきをいかに評価するかは，きわめて難しい問題のように思われる。しかし，じつは，ばらつきの評価は可能である。ベクトル量・テンソル量の場合，成分の相関を計測することで，合理的にばらつきを評価することができる。関数の場合も同様である。

　相関の計測によるばらつきの評価とは，具体的にどのようなことであろうか。相関を利用することで，確率的に変わるベクトル量や関数を，確率的に変わらない部分と変わる部分を分離した形に変換できることを，つぎの二つの節で示す。これは，確率的に変わるベクトル量や関数から，確率的に変わる部分を取り出したことになる。この部分がばらつきを生む。当然，最もばらつく部分や他よりもばらつく部分がわかれば，もとのベクトル量や関数のばらつきを相応の精度で評価できるようになる。これが，相関の計測によるばらつきの評価である。

　さて，現代数学の確率を説明するためには，想像以上に厳密な準備が必要と

される。確率的に変わるものの集合，その集合の部分集合からなる集合と，部分集合を数に対応させる関数という三つが準備として必要である[†]。厳密な議論には，この三つの準備は不可欠である。しかし，本章の目的は，ばらつきの評価という観点で確率を説明することなので，部分集合からなる集合という直観的にわかりづらいものを省いて，確率的に変わるものの集合と，その集合の要素を数に対応させる関数という二つを使うことにする。これは便宜的な確率の取扱いでしかない。興味のある読者には，現代数学で確立している，正当な確率の取扱いを勉強することを勧める。

14.2 確率変数の組み

獏と話をしてきたが，確率的に変わるものは，ベクトル量・テンソル量や関数など，適当な線形空間に属するものであればなんでもよい。一番簡単なのは，確率的に値を変えるスカラ量である。これは**確率変数**（random variable）と呼ばれる。スカラ量そのものの計測は単純であるから，確率的に値を変えるスカラ量の確率の計測に絞って説明をする。確率変数 x がある値をとる確率を計測するには，十分な回数でこの x を計測すればよい。サイコロの目の例では，サイコロを十分な回数振って1から6までの目が出る頻度を測ればよいのである。p 回目のサイコロの目を $x_{(p)}$ とすると，平均はつぎのように計算できる。

$$\langle x \rangle = \frac{1}{P} \sum_{p=1}^{P} x_{(p)} \tag{14.1}$$

ここで，記号 $\langle \ \rangle$ は平均を示し，例えば $\langle a \rangle$ は a の平均を意味する。もちろん，十分大きい P に対して $\langle x \rangle$ は 3.5 に近い値をとることになる。

[†] サイコロの目を例にすると，確率的に変わるものの集合とは，サイコロの目が1から6の値をとるという事象である。その集合の部分集合とは，サイコロの目が1ないし2の値をとる事象や，サイコロの目が1ないし2ないし3の値をとる事象である。このような事象をすべて集めたものが，部分集合からなる集合である。部分集合を数に対応させる関数は，各事象が起こる確率を与える関数である。もとの集合の要素の数が有限であれば面倒ではないが，要素の数が無限になると，集合と部分集合の集合と関数に対して，きちんとした取扱いを準備しなければならない。

それでは，もう一つサイコロを用意して，二つのサイコロを一緒に振る場合を考える。もう一つのサイコロの目を確率変数 y とする。通常二つのサイコロは無関係であるから，確率変数 x と y も独立となる。二つの確率変数が独立であることを調べるには，x と y の相関を計算すればよい。具体的には

$$c_{xy} = \langle (x - \langle x \rangle)(y - \langle y \rangle) \rangle$$

を計算するのである。もちろん $x - \langle x \rangle$ と $y - \langle y \rangle$ は確率変数 x と y の平均からのずれであり，x と y が同じようにずれる場合，c_{xy} は正となり，逆にずれる場合 c_{xy} は負となる。$c_{xy} = 0$ の場合，二つの確率変数の平均からのずれには傾向がなく，したがって，x と y は独立であると考えることができる。

ベクトルが独立な単位ベクトルの線形和として与えられるように，確率変数の組みを独立した確率変数の線形和として与えることができる。この結果，確率変数の組みの複雑な挙動を，独立した確率変数によって説明できることになる。確率変数の組みの数が多い場合，少数の独立した確率変数を使って確率変数の組み全体の確率的な特性が説明できることは重要であり，本章で目的とするばらつきの評価には有効である。

サイコロの目の組みはトリビアルであるため，より一般的な二つの確率変数 x_1 と x_2 を考える。これはある物体の平面の位置を示すベクトル量の成分と考えることができる。式の展開を簡単にするため，平均が 0 であることを仮定する。すなわち，$\langle x_1 \rangle = 0$ と $\langle x_2 \rangle = 0$ である。そして，計測の結果，x_1 と x_2 の相関がつぎのように与えられたことを仮定する。

$$\begin{bmatrix} \langle x_1^2 \rangle & \langle x_1 x_2 \rangle \\ \langle x_2 x_1 \rangle & \langle x_2^2 \rangle \end{bmatrix} = \begin{bmatrix} c_{11} & c_{12} \\ c_{21} & c_{22} \end{bmatrix} \tag{14.2}$$

右辺の成分は**相関係数**（correlation coefficient）と呼ばれる。特に c_{11} と c_{22} は自己相関係数と呼ばれる。定義により $c_{12} = c_{21}$ であるが，確率変数 x_1 と x_2 が独立でないため，その値は 0 ではない。

確率変数 x_1 と x_2 は独立でなくとも，x_1 と x_2 の適当な線形和を作ると，線

形和が独立†となる．これを示すために，x_1 と x_2 の線形和を，つぎの x_1' と x_2' として表す．

$$\begin{bmatrix} x_1' \\ x_2' \end{bmatrix} = \begin{bmatrix} a_{11} & a_{12} \\ a_{21} & a_{22} \end{bmatrix} \begin{bmatrix} x_1 \\ x_2 \end{bmatrix}$$

右辺のマトリクスの四つの成分は未知数である．線形和 x_1' と x_2' が独立となるよう，この成分を決める．まず，x_1' と x_2' が独立であることから，x_1' と x_2' の相関係数は 0 である．すなわち

$$\langle x_1' x_2' \rangle = 0 \tag{14.3}$$

である．これは四つの未知数 a_{ij} に対する一つの条件式である．この条件だけでは未知数は一意には決まらないため，三つの条件を加える．最初に

$$a_{11}^2 + a_{12}^2 = a_{21}^2 + a_{22}^2 = 1$$

という二つの条件を課す．もし x_1' と x_2' が独立であれば，x_1' のスカラ倍も x_2' と独立となる．同様に，x_2' のスカラ倍も x_1' と独立となる．このスカラ倍に対応する自由度を除くため，上の二つの条件が必要となる．つぎに

$$a_{11} a_{21} + a_{12} a_{22} = 0$$

という条件を課す．左辺はベクトル $[a_{11}, a_{12}]^T$ と $[a_{21}, a_{22}]^T$ の内積で，二つのベクトルが直交することを意味する．確率変数 x_1 と x_2 を 2 次元のベクトル $[x_1, x_2]^T$ に対応させると，原点まわりの回転によって $[x_1, x_2]^T$ が $[x_1', x_2']^T$ に変換されることになる．回転の角度を θ とすると，四つの未知数 a_{ij} は，一つの未知数 θ を使って

$$\begin{bmatrix} a_{11} & a_{12} \\ a_{21} & a_{22} \end{bmatrix} = \begin{bmatrix} \cos\theta & \sin\theta \\ -\sin\theta & \cos\theta \end{bmatrix}$$

---

† 厳密には，二つの確率変数が独立であることと，相関係数が 0 であることは同値ではない．相関係数が 0 であることは，独立であることの十分条件ではあるが，必要条件ではない．確率変数が正規分布に従う場合，相関係数が 0 であることと独立であることは同値となる．

と表すことができる．相関が0という式 (14.3) に上式を代入すると，θ に対するつぎの式を導くことができる．

$$(-\langle x_1^2 \rangle + \langle x_2^2 \rangle) \cos\theta \sin\theta + \langle x_1 x_2 \rangle (\cos^2\theta - \sin^2\theta) = 0$$

式 (14.2) の相関係数を使って $\langle x^2 \rangle$ などを書き直すと

$$(-c_{11} + c_{22}) \sin(2\theta) + 2 c_{12} \cos(2\theta) = 0$$

となる．すなわち

$$\theta = \frac{1}{2} \arctan\left(\frac{2 c_{12}}{c_{11} - c_{22}} \right) \tag{14.4}$$

である．この θ で決定される係数を使うことで，x_1' と x_2' は独立な確率変数となる．

式 (14.2) の右辺は，固有係数を与える 2×2 のマトリクスである．このマトリクスを $[c]$ とすると，式 (14.4) の θ は $[c]$ の固有ベクトルを $[\cos\theta, \sin\theta]^T$ ないし $[-\sin\theta, \cos\theta]^T$ として与える．$[c]$ の固有ベクトルが独立な線形和を決める係数を与えることを示すために，x_1 と x_2 の線形和を確率変数と考え，その自己相関係数を最大・最小とする確率変数を見つける問題を考える．まったく別の問題のように思われるが，自己相関係数を最大・最小とする線形和を見つける問題は，独立な線形和を求める問題と同じ問題となり，さらにこの二つの問題は $[c]$ の固有値を求める問題となるのである．

線形和で与えられる確率変数を $y = a_1 x_1 + a_2 x_2$ とし，$a_1^2 + a_2^2 = 1$ という条件のもとで，自己相関係数 $\langle y^2 \rangle$ が極値をとるように，未知数 a_1 と a_2 を求める．これは条件付最適化問題である．ラグランジュの未定係数法を使って

$$f(a_1, a_2, \lambda) = \langle (a_1 x_1 + a_2 x_2)^2 \rangle - \lambda(a_1^2 + a_2^2 - 1)$$

という目的関数を設定する．もちろん λ が未定係数である．目的関数 f の a_1 と a_2 に対する偏微分が0となる条件から，つぎの式が導かれる．

$$\begin{bmatrix} \langle x_1^2 \rangle & \langle x_1 x_2 \rangle \\ \langle x_1 x_2 \rangle & \langle x_2^2 \rangle \end{bmatrix} \begin{bmatrix} a_1 \\ a_2 \end{bmatrix} = \lambda \begin{bmatrix} a_1 \\ a_2 \end{bmatrix}$$

左辺のマトリクスは式 (14.2) の相関係数のマトリクス $[c]$ である。したがって，上式は $[c]$ の固有値と固有ベクトルを与える式である。もちろん λ が固有値，$[a_1, a_2]^T$ が固有ベクトルとなる。したがって，自己相関係数を最大・最小とする線形和を見つける問題は，$[c]$ の固有値を求める問題と一致する。

固有値 λ は，つぎの 2 次方程式の解である。

$$\lambda^2 - (c_{11} + c_{22})\lambda + (c_{11}c_{22} - c_{12}^2) = 0$$

したがって，λ は次式で計算される。

$$\lambda = \frac{1}{2}\left(c_{11} + c_{22} \pm \sqrt{(c_{11} - c_{22})^2 + 4c_{12}^2}\right) \tag{14.5}$$

証明は省くが，この二つの解はどちらも正の実数である[†]。さて，$a_1^2 + a_2^2 = 1$ より固有ベクトルを $[a_1, a_2]^T = [\cos\phi, \sin\phi]^T$ として表すと，上の 2 次方程式の解の λ を使えば，ϕ は

$$c_{xx}\cos\phi + c_{xy}\sin\phi = \lambda\cos\phi$$

を満たすことになる。この ϕ は式 (14.4) の θ と一致する。すなわち，式 (14.4) の θ は $[c]$ の固有ベクトルを与える角度となる。したがって，独立な線形和を見つける問題も，$[c]$ の固有値を求める問題と一致する。

以上で，(1) 相関係数のマトリクス $[c]$ の二つの固有ベクトルは，二つの独立な線形和 x'_1, x'_2 を与える係数に対応することと，(2) $[c]$ の二つの固有値はこの独立な線形和の自己相関係数を与えることが示された。さて，線形和 x'_1, x'_2 を確率変数とみなし，この確率変数が正規分布に従うことを仮定する。もとの x_1 と x_2 の平均が 0 であるから，x'_1 と x'_2 の平均も 0 である。自己相関係数 $\langle(x'_1)^2\rangle$ と $\langle(x'_2)^2\rangle$ は正規分布の分散と一致する。したがって，x'_1 と x'_2 の正規分布の特性が完全にわかることになる。正規分布に従う独立な x'_1 と x'_2 を使うと，確率変数の組み x_1, x_2 は，つぎのように表すことができる。

[†] 相関係数の定義より $(c_{11} + c_{22})^2 - 4c_{12}^2 \geq (c_{11} - c_{22})^2$ が成立する。したがって，式 (14.5) の右辺は正である。

14.2 確率変数の組み

$$\begin{bmatrix} x_1 \\ x_2 \end{bmatrix} = x'_1 \begin{bmatrix} e_{11} \\ e_{12} \end{bmatrix} + x'_2 \begin{bmatrix} e_{21} \\ e_{22} \end{bmatrix} \tag{14.6}$$

ここで，$[e_{11}, e_{12}]^T$ と $[e_{21}, e_{22}]^T$ は式 (14.4) の θ を使って

$$\begin{bmatrix} e_{11} \\ e_{12} \end{bmatrix} = \begin{bmatrix} \cos\theta \\ \sin\theta \end{bmatrix}, \quad \begin{bmatrix} e_{21} \\ e_{22} \end{bmatrix} = \begin{bmatrix} -\sin\theta \\ \cos\theta \end{bmatrix}$$

として与えられる単位ベクトルである．相互に関連した確率変数 x_1, x_2 のベクトルが，独立な確率変数 x'_1, x'_2 と，確率的には変わらない単位ベクトル $[e_{11}, e_{12}]^T$, $[e_{21}, e_{22}]^T$ を使って表現されている．この表現は重要である．例えば，式 (14.5) の小さい解が大きい解より十分小さいことは，x'_2 の分散が小さいことを意味する．x'_1 の平均は 0 であるから，ばらつきの評価の際，x'_1 の寄与に比べて x'_2 の寄与はおおむね無視できることになる．すなわち

$$\begin{bmatrix} x_1 \\ x_2 \end{bmatrix} \approx x'_1 \begin{bmatrix} e_{11} \\ e_{12} \end{bmatrix}$$

と近似することができるのである．

以上，相関係数のマトリクス $[c]$ の固有値と固有ベクトルを使うことで，確率変数の組みのベクトル $[x_1, x_2]^T$ から独立な線形和 $[x'_1, x'_2]^T$ が導かれ，逆にこの $[x'_1, x'_2]^T$ を使うと，$[x_1, x_2]^T$ の確率的性質が簡単にわかることを説明した．いままでの数式処理を使った説明とはまったく別の扱い方となるが，計測された $[x_1, x_2]^T$ を x-y 平面上に点としてプロットすると，この 2 点は直観的に理解できる．$[x_1, x_2]^T$ の頻度に合わせて x-y の平面の小さい領域を塗ると，**図 14.1** のようになる．頻度が多い場合には濃くなり，頻度が少ない場合には薄くなるからである．頻度の分布は楕円形となり，長軸が x'_1 方向，短軸が x'_2 方向となる．x'_1 方向は分散が大きいため楕円が広がり，逆に x'_2 方向は分散が小さいため楕円が狭くなる．

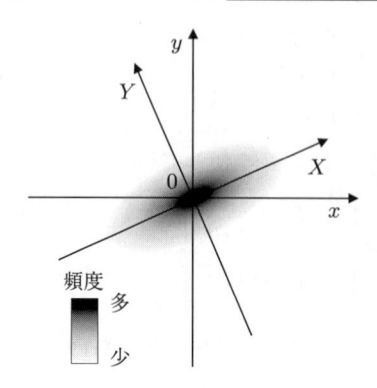

図 14.1 確率変数の組み $[x, y]$ の頻度の可視化

14.3 確 率 関 数

前節では 2 次元の確率変数の線形空間を考えたが，これは簡単に高次元に拡張することができる。すなわち，N 個の確率変数

$$x_n \quad (n = 1, 2, \cdots N)$$

に対して，平均が 0 であることと，相関係数 $\langle x_i x_j \rangle = c_{ij}$ が与えられることを仮定する。相関係数から $N \times N$ の対称マトリクス $[c]$ を作ると，$[c]$ の固有ベクトルを使って，N 個の独立な確率変数の線形和を求めることができる。独立な確率変数の線形和が正規分布に従う場合，式 (14.6) を拡張したつぎの表現が導かれる。

$$\begin{bmatrix} x_1 \\ x_2 \\ \vdots \\ x_N \end{bmatrix} = x'_1 \begin{bmatrix} e_{11} \\ e_{12} \\ \vdots \\ e_{1N} \end{bmatrix} + x'_2 \begin{bmatrix} e_{21} \\ e_{22} \\ \vdots \\ e_{2N} \end{bmatrix} + \cdots + x'_N \begin{bmatrix} e_{N1} \\ e_{N2} \\ \vdots \\ e_{NN} \end{bmatrix} \quad (14.7)$$

ここで，x'_n は独立な確率変数の線形和であり，$[e_{n1}, e_{n2}, \cdots, e_{nN}]^T$ は確率的に変わらない単位ベクトルである。第 n 番目の $[c]$ の固有値と固有ベクトルが x'_n の分散と $[e_{n1}, e_{n2}, \cdots, e_{nN}]^T$ を与える。

14.3 確率関数

確率変数の組みの数 N を大きくしていくと，確率変数の組みを確率的に変わる関数に対応させることができる．この確率的に変わる関数を $x(t)$ とする．もちろん t は関数の変数である．簡単のため，$0 < t < 1$ とする．また，平均は 0 である．この平均は時間平均ではない．全部で P 回計測された関数のうち，第 p 回目に計測された関数を $x_{(p)}$ とすると，平均は

$$\langle x(t) \rangle = \frac{1}{P} \sum_{p=1}^{P} x_{(p)}(t)$$

として計算される．なお，$t_i = i/N$ とすると，$\{x(t_1), x(t_2), \cdots, x(t_N)\}$ を N 個の確率変数の組みとすることができる．繰返しになるが，N を大きくした関数の組みの極限が，確率的に変わる関数 $x(t)$ なのである．本書では，この $x(t)$ を**確率関数** (probability function) と呼ぶ．

確率変数の組みを分析したように，この確率関数を分析する．確率変数の組みの相関係数に対応して，確率変数の相関距離をつぎのように定義する．

$$c(t, s) = \langle x(t) x(s) \rangle \qquad (0 < t, s < 1) \tag{14.8}$$

相関距離は t と s の関数であり，確率変数の組みの数が無限に大きくなったときの相関係数の極限である．実際，確率変数の組み $\{x(t_i)\}$ の相関係数を

$$c_{ij} = \langle x(t_i) x(t_j) \rangle$$

とすると，$t_i = i/N$ と $t_j = j/N$ の値を t と s として固定するという条件のもとで，N や i と j を大きくする極限では，この相関係数 c_{ij} の極限は相関距離 $c(t, s)$ となる．相関係数に固有値があるように，相関距離にも固有値がある．これを説明するために，相関係数の固有値を求める式

$$[c][e] = \lambda [e]$$

を考える．マトリクスとベクトルの次元 N を大きくする極限では，マトリクスとベクトルの積は積分に変わる．したがって，相関距離 c の固有値をつぎのように定義することは自然である．

$$\int_0^1 c(t,s)e(s)\,\mathrm{d}s = \lambda e(t) \tag{14.9}$$

もちろん λ が固有値であり，$e(t)$ が固有ベクトルの極限に対応する固有関数である[†]。異なる固有値の固有ベクトルが直交するように，異なる固有値の固有関数は，積分が 0 になるという意味で直交する。例えば，固有値 λ^1 と λ^2 の固有関数を $e^1(t)$ と $e^2(t)$ とすれば

$$\begin{aligned}
\int \lambda^1 e^1(t) e^2(t)\,\mathrm{d}t &= \int \left(\int c(t,s) e^1(s)\,\mathrm{d}s \right) e^2(t)\,\mathrm{d}t \\
&= \int e^1(s) \left(\int c(t,s) e^2(t)\,\mathrm{d}t \right) \mathrm{d}s \\
&= \int \lambda^2 e^1(s) e^2(s)\,\mathrm{d}s
\end{aligned}$$

となり，$\lambda^1 \neq \lambda^2$ より

$$\int e^1(t) e^2(t)\,dt = 0$$

が導かれる。

相関係数の $N \times N$ のマトリクス $[c]$ に対し，N 個の固有値と固有ベクトルの組みをつぎのように表す。

$$\{\lambda^\alpha, [e^\alpha]\} \qquad (\alpha = 1, 2, \cdots, N)$$

固有値は降順に並べ，固有ベクトルは単位ベクトルとしている。この $\{\lambda^\alpha, [e^\alpha]\}$ を使うと，$[c]$ をつぎのように表すことができる。

$$[c] = \sum_{\alpha=1}^{N} \lambda^\alpha [e^\alpha]^T [e^\alpha] \tag{14.10}$$

なお，$[e^\alpha]$ は $1 \times N$ のマトリクスとみなせるので，$[e^\alpha]^T[e^\alpha]$ は $N \times N$ のマト

[†] 式 (14.9) は未知の関数 $e(t)$ を求める積分方程式である。当然のことであるが，関数 $c(t,s)$ と $e(t)$ を適当に離散化することで，この積分方程式はマトリクス方程式に変換される。このマトリクス方程式は，固有値と固有ベクトルを求めるマトリクス方程式である。

14.3 確率関数

リクスとなる．相関距離 $c(t,s)$ も，固有値と固有関数を使った同様の表現が可能である．固有値と固有関数の組みをつぎのように表す．

$$\{\lambda^\alpha, e^\alpha(t)\} \quad (\alpha = 1, 2, \cdots)$$

固有値は降順に並べ，固有関数は

$$\int_0^1 (e^\alpha(t))^2 \, dt = 1$$

を満たす．無限個の組みであるが，この固有値と固有関数の組みを使うと，相関距離はつぎのように表すことができる．

$$c(t,s) = \sum_{\alpha=1} \lambda^\alpha \, e^\alpha(t) \, e^\alpha(s) \tag{14.11}$$

証明は省くが，λ^α は 0 に収束する．有限な次元のマトリクスである相関係数 $[c]$ と異なり，相関距離 $c(t,s)$ の表記には無限和が必要となる．この無限和が収束することを示すためには厳密な確率の取扱いが必要である[†]が，本書では説明しない．

相関距離の固有値が 0 に収束することから，確率関数 x は最初のいくつかの固有値と固有関数を使って近似することができる．すなわち，$\{e^\alpha(t)\}$ の最初のほうの固有値と固有関数を使った線形和で，確率関数 x を近似できるのである．厳密には，正規分布の仮定など細かい準備が必要であるが，大まかにいえば，この近似は可能である．すなわち

$$x(t) \approx \sum_{\alpha=1}^N x^\alpha \, e^\alpha(t)$$

である．ここで，$e^\alpha(t)$ は確率的には変わらない分布を与える関数であるが，x^α はこの確率関数の確率の部分を決定する係数である．この点を強調するため，

[†] 実際に関数 $x(t)$ を無限に多数の t で計測することは不可能である．しかし，無限の計測をしたと仮定すると，$x(t)$ を連続な関数とみなすことができるようになり，数理的な処理が簡単になって便利である．もちろん，有限の演算を無限の演算に拡張するためには，相応の数理的準備が必要である．特殊な場合があることは確かであるが，おおむね支障なく拡張できる．

$x(t)$ という表記の代わりに，確率事象の記号 ω を用いて $x(t,\omega)$ という表記を確率関数に使うこととし，上式を次式に変える．

$$x(t,\omega) \approx \sum_{\alpha=1}^{N} x^\alpha(\omega)\, e^\alpha(t) \tag{14.12}$$

2次元と N 次元の確率変数のベクトルに対する表現である式 (14.6) と式 (14.7) と同様に，式 (14.12) は，確率的に変わる独立な確率変数と，確率的には変わらない固有関数の線形和として，確率関数を表現している．確率的に変化するのは，たがいに独立な確率変数 x^α である．

厳密な証明は省略するが，式 (14.12) の x^α は相関距離の固有値 λ^α とつぎの関係を満たす．

$$\lambda^\alpha = \langle (x^\alpha)^2 \rangle \tag{14.13}$$

実際，x^α の直交性により，$c(t,s) = \langle x(t)x(s) \rangle$ を計算すると

$$c(t,s) = \sum_\alpha \langle (x^\alpha)^2 \rangle e^\alpha(t) e^\alpha(s)$$

となり，式 (14.13) が導かれる．したがって，もし x^α が正規分布に従うことを仮定すれば，式 (14.13) は x^α の分散を与えることになる．確率変数 x^1 が最大の分散を持ち，α の昇順に従って x^α の分散は小さくなり，0 に収束する．したがって，確率関数のばらつきの評価には，式 (14.12) は有効である．

演習問題

〔14.1〕 平均が 0 の確率変数 x と y を考える．相関係数が

$$\begin{bmatrix} c_{xx} & c_{xy} \\ c_{yx} & c_{yy} \end{bmatrix} = \begin{bmatrix} 4 & \sqrt{3} \\ \sqrt{3} & 2 \end{bmatrix}$$

として与えられる場合，x と y の独立な線形和 X と Y を求めよ．この X と Y を使って確率変数の組み $[x,y]$ を表せ．

〔**14.2**〕次式を満たす確率変数 x と y を考える。

$\langle x \rangle = 1, \quad \langle x^2 \rangle = 3, \quad \langle y \rangle = 3, \quad \langle y^2 \rangle = 15,$
$\langle xy \rangle = 2\sqrt{3} + 3$

(1) 確率変数 $X = x - \langle x \rangle$ と $Y = y - \langle y \rangle$ の相関係数を求めよ。
(2) x と y の線形和から独立な確率変数 P, Q を求めよ。

引用・参考文献

ここでは，本書を執筆するにあたって参考とした書籍，および本書の内容の理解を深めるために参考となる書籍を紹介します．

2章：ベクトル量とベクトルに関連して
1) 宮岡悦良, 眞田克典：応用線形代数, 共立出版 (2007)

3章：フーリエ級数展開に関連して
2) 大石進一：理工系の数学入門コース 6 ―フーリエ解析, 岩波書店 (1989)
3) 田島一郎：工科の数学 3 ―微分方程式・フーリエ解析, 培風館 (1968)
4) Elias M. Stein, Rami Shakarchi 著, 新井仁之, 杉本 充, 高木啓行, 千原浩之 訳：プリンストン解析学講義 1 ―フーリエ解析入門, 日本評論社 (2007)

4, 5章：テンソル量に関連して
5) 石原 繁：テンソル―科学技術のために, 裳華房 (1991)
6) 田代嘉宏：基礎数学選書 23 ―テンソル解析, 裳華房 (1981)
7) George B. Arfken, Hans J. Weber 著, 権平健一郎, 神原武志, 小山直人 訳：基礎物理数学 第 4 版 1 ―ベクトル・テンソルと行列, 講談社 (1999)

6, 7, 8章：微分方程式に関連して
8) 望月 清, I. トルシン：数理物理の微分方程式, 培風館 (2005)
9) Jr. Frank Ayres 著, 三嶋信彦 訳：微分方程式（マグロウヒル大学演習）, オーム社 (1995)
10) 登坂宣好：微分方程式の解法と応用―たたみ込み積分とスペクトル分岐を用いて, 東京大学出版会 (2010)

9章：マトリクス方程式に関連して
11) 仁木 滉, 河野敏行：楽しい反復法, 共立出版 (1998)
12) 矢川元基, 青山裕司：有限要素固有値解析, 森北出版 (2001)
13) Francoise Chaitin-Chatelin 著, 伊理正夫, 伊理由美 訳：行列の固有値 新装版―最新の解法と応用, シュプリンガー・フェアラーク東京 (2003)

10章：数値微分と数値積分に関連して
14) 高見穎郎, 河村哲也：偏微分方程式の差分解法, 東京大学出版会 (1994)

13章：摂動に関連して

15) 高木 周：機械系のための数学, 数理工学社 (2005)
16) 柴田正和：漸近級数と特異摂動法, 森北出版 (2009)
17) 寺田賢二郎, 菊池 昇：均質化法入門, 丸善出版 (2003)

14章：確率に関連して

18) 和田三樹, 十河 清：理工系数学のキーポイント6—キーポイント確率・統計, 岩波書店 (2006)
19) William Feller 著, 河田龍夫, 国沢清典 監訳：確率論とその応用 I, II, 紀伊国屋書店 (1960)

演習問題解答

2章

〔**2.1**〕 基底 $\{\mathbf{e}_i\}$ に対する $\mathbf{u}$ と $\mathbf{v}$ の成分を u_i と v_i とすると,内積は $(\mathbf{u},\mathbf{v}) = \sum_i u_i v_i$ である.別の基底 $\{\mathbf{e}'_i\}$ に対する $\mathbf{u}$ と $\mathbf{v}$ の成分を u'_i と v'_i とすると,座標変換は

$$u_i = \sum_j (\mathbf{e}_i, \mathbf{e}'_j) u'_j, \quad v_i = \sum_j (\mathbf{e}_i, \mathbf{e}'_j) v'_j$$

となるため,内積 $\sum_i u_i v_i$ は

$$\sum_i u_i v_i = \sum_i \left(\sum_j (\mathbf{e}_i, \mathbf{e}'_j) u'_j\right)\left(\sum_k (\mathbf{e}_i, \mathbf{e}'_k) v'_k\right)$$
$$= \sum_{j,k} u'_j v'_k \left(\sum_i (\mathbf{e}_i, \mathbf{e}'_j)(\mathbf{e}_i, \mathbf{e}'_k)\right)$$

となる.括弧の中は,基底 $\{\mathbf{e}_i\}$ に対する $\mathbf{e}'_j$ と $\mathbf{e}'_k$ の成分の積と考えることができるから,その値は $\mathbf{e}'_j$ と $\mathbf{e}'_k$ の内積 $(\mathbf{e}'_j, \mathbf{e}'_k) = \delta_{jk}$ である.ここで,δ_{jk} はクロネッカーのデルタと呼ばれる記号であり,$j=k$ のときに 1,それ以外では 0 となる.したがって,$\sum_i u_i v_i = \sum_j u'_j v'_j$ となり,内積が座標不変量であることが確認できる.

〔**2.2**〕 計測誤差 E^v を $[v]$ の成分 v_i で偏微分することによって,E^v を最小にする $[v]$ を見つける.v_i を使うと,E^v はつぎのように計算される.

$$E^v = (\mathbf{v},\mathbf{v}) - 2\sum_i v_i(\mathbf{v},\mathbf{e}_i) + \sum_{i,j} v_i v_j (\mathbf{e}_i, \mathbf{e}_j)$$
$$= (\mathbf{v},\mathbf{v}) - 2\sum_i v_i(\mathbf{v},\mathbf{e}_i) + \sum_i v_i^2$$

ここで,内積の性質 $(\mathbf{a},\mathbf{b}) = (\mathbf{b},\mathbf{a})$, $(\mathbf{a}+\mathbf{b},\mathbf{c}) = (\mathbf{a},\mathbf{c}) + (\mathbf{b},\mathbf{c})$ と $(\mathbf{e}_i, \mathbf{e}_j) = \delta_{ij}$ を用いた.$\partial E/\partial v_i = 0$ より

$$-2(\mathbf{v},\mathbf{e}_i) + 2v_i = 0$$

であり,よって $v_i = (\mathbf{v},\mathbf{e}_i)$ である.

〔**2.3**〕 A 君の左右と前後を表す単位ベクトルを $\mathbf{e}_1$ と $\mathbf{e}_2$ とすると,題意より

$$\mathbf{e}_1' = \cos\theta\, \mathbf{e}_1 + \sin\theta\, \mathbf{e}_2, \quad \mathbf{e}_2' = -\sin\theta\, \mathbf{e}_1 + \cos\theta\, \mathbf{e}_2$$

となる.この結果,単位ベクトルの内積は次式で計算される.

$$(\mathbf{e}_1, \mathbf{e}_1') = \cos\theta, \quad (\mathbf{e}_1, \mathbf{e}_2') = -\sin\theta,$$
$$(\mathbf{e}_2, \mathbf{e}_1') = \sin\theta, \quad (\mathbf{e}_2, \mathbf{e}_2') = \cos\theta$$

B君の計測結果を $\mathbf{v} = \sum_i v_i' \mathbf{e}_i$ と書くと,A君が測定する成分 v_i は,$\{\mathbf{e}_i\}$ を用いた次式で表される.

$$v_i = \sum_j (\mathbf{e}_i, \mathbf{e}_j') v_j'$$

上式と v_i' の値を代入すると,A君の計測結果は次式となる.

$$\mathbf{v} = (3\cos\theta - 4\sin\theta)\mathbf{e}_1 + (3\sin\theta + 4\cos\theta)\mathbf{e}_2$$

〔**2.4**〕 任意のベクトル量 $\mathbf{x}$, $\mathbf{y}$ と定数 α に対して

$$\mathcal{L}[\mathbf{x} + \mathbf{y}] = \mathcal{L}[\mathbf{x}] + \mathcal{L}[\mathbf{y}], \quad \mathcal{L}[\alpha\mathbf{x}] = \alpha\mathcal{L}[\mathbf{x}]$$

が成り立つかどうかを調べる.この結果
(1) 線形作用素ではない
(2) 線形作用素である
(3) 線形作用素ではない

となる.なお,(1) は第2の条件を満たさない.また,(3) は第1と第2の条件を満たさない.

〔**2.5**〕 〔2.4〕で用いた線形作用素の性質を利用して求める.$\mathbf{e}_1 + \mathbf{e}_2$ と $\mathbf{e}_1 - \mathbf{e}_2$ の結果から

$$\frac{1}{2}(\mathbf{e}_1 + \mathbf{e}_2) + \frac{1}{2}(\mathbf{e}_1 - \mathbf{e}_2) = \mathbf{e}_1, \quad \frac{1}{2}(\mathbf{e}_1 + \mathbf{e}_2) - \frac{1}{2}(\mathbf{e}_1 - \mathbf{e}_2) = \mathbf{e}_2$$

を使うと

$$\mathcal{L}[\mathbf{e}_1] = \frac{1}{2}(\mathcal{L}[\mathbf{e}_1 + \mathbf{e}_2] + \mathcal{L}[\mathbf{e}_1 - \mathbf{e}_2]) = \mathbf{e}_1 + 2\mathbf{e}_2$$

と

$$\mathcal{L}[\mathbf{e}_2] = \frac{1}{2}(\mathcal{L}[\mathbf{e}_1 + \mathbf{e}_2] - \mathcal{L}[\mathbf{e}_1 - \mathbf{e}_2]) = \mathbf{e}_1 - 2\mathbf{e}_2$$

が導かれる.よって

$$\mathcal{L}[x_1\mathbf{e}_1 + x_2\mathbf{e}_2] = x_1\mathcal{L}[\mathbf{e}_1] + x_2\mathcal{L}[\mathbf{e}_2] = (x_1 + x_2)\mathbf{e}_1 + 2(x_1 - x_2)\mathbf{e}_2$$

となる.

3 章

[**3.1**] 本文と同じ手順で計算をする。すなわち，第 n 番目の基底 $\sin(nt)$ に対応した数 u_n を

$$u_n = \frac{1}{\pi} \int_0^{2\pi} u(t) \sin(nt) \, \mathrm{d}t = \frac{1}{\pi} \int_0^{2\pi} e^t \sin(nt) \, \mathrm{d}t$$

として計算する。ここで†

$$e^t \sin(nt) = \frac{1}{n} \left((-e^t \cos(nt))' + e^t \cos(nt) \right)$$

に

$$e^t \cos(nt) = \frac{1}{n} \left((e^t \sin(nt))' - e^t \sin(nt) \right)$$

を代入して

$$\frac{n^2+1}{n} e^t \sin(nt) = -(e^t \cos(nt))' - \frac{1}{n} (e^t \sin(nt))'$$

すなわち

$$e^t \sin(nt) = \frac{1}{n^2+1} \left(-n(e^t \cos(nt))' - (e^t \sin(nt))' \right)$$

を得る。ゆえに

$$\int_0^{2\pi} e^t \sin(nt) \, \mathrm{d}t = \frac{n}{n^2+1} (-e^{2\pi} + 1)$$

となる。したがって u_n は次式で計算される。

$$u_n = \frac{1}{\pi} \frac{n}{n^2+1} (-e^{2\pi} + 1)$$

[**3.2**] 与えられた微分方程式の左辺から

$$\mathcal{L}[u](t) = \frac{\mathrm{d}^2 u}{\mathrm{d}t^2}(t) + \omega^2 \, u(t)$$

である。基底 t^m を $\mathcal{L}$ に代入すると

---

† $e^{\imath t} = \cos(t) + \imath \sin(t)$ を使うと

$$\sin(nt) e^t = \frac{1}{2\imath} \left(e^{\imath(nt)+t} - e^{\imath(nt)-t} \right)$$

となり，簡単に積分できる。

$$\mathcal{L}[t^m] = m(m-1)t^{m-2} + \omega^2 t^m$$

となる．基底の組み $\{t^n\}$ を使うと，右辺の多項式は「基底 t^{m-2} と t^m の係数が $m(m-1)$ と ω^2」という式であると解釈できる．すなわち，$L_{m-2\,m} = m(m-1)$ と $L_{mm} = \omega^2$ であり，$[L]$ は

$$L_{nm} = \begin{cases} \omega^2 & (n = m \text{ のとき}) \\ m(m-1) & (n = m-2 \text{ のとき}) \\ 0 & (\text{その他}) \end{cases}$$

となる．よって，$[L]$ は対角マトリクスでないことがわかる．

〔**3.3**〕 本文と同じ手順で計算する．フーリエ級数展開を使うと

$$u^*(t) = \sum_{n=1}^{N} \frac{1}{-n^2 + \omega^2} \left(\frac{1}{\pi} \int_0^{2\pi} s \sin(ns) \, \mathrm{d}s \right) \sin(nt)$$

を得る．ここで

$$s \sin(ns) = \left(-\frac{s}{n} \cos(ns) \right)' + \frac{1}{n} \cos(ns)$$

より

$$\int_0^{2\pi} s \sin(ns) \, \mathrm{d}s = -\frac{2\pi}{n}$$

である．この式を u^* の式に代入して，次式を得る．

$$u^*(t) = \sum_{n=1}^{N} \frac{2}{n(n^2 - \omega^2)} \sin(nt)$$

5 章

〔**5.1**〕 $\mathbf{T}^* = \sum_{i,j} T_{ij} \mathbf{e}_i \otimes \mathbf{e}_j$ を使って E を計算すると

$$\begin{aligned}
E &= \left(\mathbf{T} - \sum_{i,j} T_{ij} \mathbf{e}_i \otimes \mathbf{e}_j \right) : \left(\mathbf{T} - \sum_{k,l} T_{kl} \mathbf{e}_k \otimes \mathbf{e}_l \right) \\
&= \mathbf{T} : \mathbf{T} - \sum_{i,j} T_{ij} \left(\mathbf{T} : (\mathbf{e}_i \otimes \mathbf{e}_j) \right) - \sum_{k,l} T_{kl} \left((\mathbf{e}_k \otimes \mathbf{e}_l) : \mathbf{T} \right) \\
&\quad + \sum_{i,j,k,l} T_{ij} T_{kl} \left((\mathbf{e}_i \otimes \mathbf{e}_j) : (\mathbf{e}_k \otimes \mathbf{e}_l) \right) \\
&= \mathbf{T} : \mathbf{T} - 2 \sum_{i,j} T_{ij} \left(\mathbf{T} : (\mathbf{e}_i \otimes \mathbf{e}_j) \right) + \sum_{i,j} (T_{ij})^2
\end{aligned}$$

となる。ここで，縮約の定義より $\mathbf{T}:\mathbf{T}' = \mathbf{T}':\mathbf{T}$ が成立し，さらにクロネッカーのデルタを使って $(\mathbf{e}_i \otimes \mathbf{e}_j):(\mathbf{e}_k \otimes \mathbf{e}_l) = \delta_{ik}\delta_{jl}$ となることを用いている。E の微係数 $\partial E/\partial T_{ij}$ は

$$\frac{\partial E}{\partial T_{ij}} = 2\left(T_{ij} - \mathbf{T}:(\mathbf{e}_i \otimes \mathbf{e}_j)\right)$$

となるから，$\partial E/\partial T_{ij} = 0$ より，$T_{ij} = \mathbf{T}:(\mathbf{e}_i \otimes \mathbf{e}_j)$ が得られる。

〔**5.2**〕 テンソルの座標変換

$$T'_{ij} = \sum_{p,q} T_{pq}(\mathbf{e}_p, \mathbf{e}'_i)(\mathbf{e}_q, \mathbf{e}'_j)$$

と，単位ベクトルの内積の値

$$(\mathbf{e}_1, \mathbf{e}'_1) = \cos 60° = \frac{1}{2}, \quad (\mathbf{e}_1, \mathbf{e}'_2) = -\sin 60° = -\frac{\sqrt{3}}{2},$$
$$(\mathbf{e}_2, \mathbf{e}'_1) = \sin 60° = \frac{\sqrt{3}}{2}, \quad (\mathbf{e}_2, \mathbf{e}'_2) = \cos 60° = \frac{1}{2}$$

より，T'_{11} は

$$T'_{11} = \sum_{p,q} T_{pq}(\mathbf{e}_p, \mathbf{e}'_1)(\mathbf{e}_q, \mathbf{e}'_1)$$
$$= T_{11}\frac{1}{2}\frac{1}{2} + T_{12}\frac{1}{2}\frac{\sqrt{3}}{2} + T_{21}\frac{\sqrt{3}}{2}\frac{1}{2} + T_{22}\frac{\sqrt{3}}{2}\frac{\sqrt{3}}{2}$$
$$= \frac{1}{4} + 0 + 0 + \frac{3}{2} = \frac{7}{4}$$

である。同様にして

$$T'_{12} = \frac{\sqrt{3}}{4}, \quad T'_{21} = \frac{\sqrt{3}}{4}, \quad T'_{22} = \frac{5}{4}$$

である。よって

$$[T'] = \begin{bmatrix} \dfrac{7}{4} & \dfrac{\sqrt{3}}{4} \\ \dfrac{\sqrt{3}}{4} & \dfrac{5}{4} \end{bmatrix}$$

となる。

〔**5.3**〕 基底 $\{\mathbf{e}_i\}$ でのテンソル $\mathbf{T}$ の成分 T_{ii} は，基底 $\{\mathbf{e}'_i\}$ での成分 T'_{ij} によって $T_{ii} = \sum_{j,k}(\mathbf{e}_i, \mathbf{e}'_j)(\mathbf{e}_i, \mathbf{e}'_k)T'_{jk}$ として計算される。したがって，トレースは

$$\sum_i T_{ii} = \sum_i \left(\sum_{j,k} (\mathbf{e}_i, \mathbf{e}'_j)(\mathbf{e}_i, \mathbf{e}'_k) T'_{jk} \right) = \sum_{j,k} \delta_{jk} T'_{jk} = \sum_j T'_{jj}$$

となる．左辺は基底 $\{\mathbf{e}'_i\}$ での成分を使ったトレースである．したがって，$\mathrm{tr}(\mathbf{T})$ は不変量である．

〔**5.4**〕 (1) 2階のテンソル量 $\mathbf{A}$ と $\mathbf{B}$ の縮約は，基底 $\{\mathbf{e}_i\}$ の成分 A_{ij} と B_{ij} を用いると

$$\mathbf{A} : \mathbf{B} = \sum_{i,j,k,l} A_{ij} B_{kl} (\mathbf{e}_i \otimes \mathbf{e}_j) : (\mathbf{e}_k \otimes \mathbf{e}_l) = \sum_{i,j,k,l} A_{ij} B_{kl} \delta_{ik} \delta_{jl} = \sum_{i,j} A_{ij} B_{ij}$$

として計算される．

(2) (1) の結果より，基底 $\{\mathbf{e}'_i\}$ の成分 A'_{ij} と B'_{ij} を用いて $\mathbf{A} : \mathbf{B}$ を計算すると

$$\mathbf{A} : \mathbf{B} = \sum_{i,j} A'_{ij} B'_{ij}$$

となる．一方，座標変換

$$A_{ij} = \sum_{p,q} A'_{pq} (\mathbf{e}'_p, \mathbf{e}_i)(\mathbf{e}'_q, \mathbf{e}_j), \quad B_{ij} = \sum_{p,q} B'_{pq} (\mathbf{e}'_p, \mathbf{e}_i)(\mathbf{e}'_q, \mathbf{e}_j)$$

を用いて (1) の結果を計算すると，次式となる．

$$\sum_{i,j} \left(\sum_{p,q} A'_{pq} (\mathbf{e}'_p, \mathbf{e}_i)(\mathbf{e}'_q, \mathbf{e}_j) \right) \left(\sum_{r,s} B'_{rs} (\mathbf{e}'_r, \mathbf{e}_i)(\mathbf{e}'_s, \mathbf{e}_j) \right)$$
$$= \sum_{p,q,r,s} A'_{pq} B'_{rs} \left(\sum_i (\mathbf{e}'_p, \mathbf{e}_i)(\mathbf{e}'_r, \mathbf{e}_i) \right) \left(\sum_j (\mathbf{e}'_q, \mathbf{e}_j)(\mathbf{e}'_s, \mathbf{e}_j) \right)$$

$\sum_i (\mathbf{e}'_p, \mathbf{e}_i)(\mathbf{e}'_r, \mathbf{e}_i)$ は $\mathbf{e}'_p$ と $\mathbf{e}'_r$ の内積であることに気づくと，$\sum_i (\mathbf{e}'_p, \mathbf{e}_i)(\mathbf{e}'_r, \mathbf{e}_i)$ $= \delta_{pr}$ であり，同様に $\sum_j (\mathbf{e}'_q, \mathbf{e}_j)(\mathbf{e}'_s, \mathbf{e}_j) = \delta_{qs}$ である．したがって，上式は

$$\sum_{p,q,r,s} A'_{pq} B'_{rs} \delta_{pr} \delta_{qs} = \sum_{p,q} A'_{pq} B'_{pq}$$

となる．これは最初に計算した $\mathbf{A} : \mathbf{B}$ の値である．ゆえに縮約 $\mathbf{A} : \mathbf{B}$ は不変量である．

〔**5.5**〕 (1) $[e'_i]$ の定義より

$$(T'_i[e'_i])^T (T'_j[e'_j]) = ([T]^T [e_i])^T ([T]^T [e_j]) = [e_i]^T [T][T]^T [e_j]$$

である。$[e_i]$ は対称行列 $[T][T]^T$ の固有ベクトルであるから，たがいに直交する。実際，上式は $[e_i]^T([T][T]^T[e_j])$ とみると $T_j[e_i]^T[e_j]$ であり，$([e_i]^T[T][T]^T)[e_j]$ とみると $T_i[e_i]^T[e_j]$ となるため，$T_i \neq T_j$ であれば $[e_i]^T[e_j] = 0$ である。したがって，上式の最後の式は 0 であるから，$[e_i']$ は直交する。

(2) 固有ベクトル $[e_i']$ はたがいに直交するため，$[T]^T[e_i] = T_i'[e_i']$ より

$$[T]^T = \sum_i T_i'[e_i'][e_i]^T$$

となる。両辺の転置は

$$[T] = \sum_i T_i'[e_i][e_i']^T$$

である。この式から，$T_i' = T_i$, $[e_i] = [E_i']$, $[e_i'] = [E_i]$ がただちに導かれる。

(3) $[L] = [T][T]^T$ より

$$[L] = \left(\sum_i T_i[E_i'][E_i]^T\right)\left(\sum_j T_j[E_j'][E_j]^T\right)^T$$
$$= \left(\sum_i T_i[E_i'][E_i]^T\right)\left(\sum_j T_j[E_j][E_j']^T\right)$$
$$= \sum_{i,j} T_i T_j [E_i']([E_i]^T[E_j])[E_j']^T$$
$$= \sum_i (T_i)^2 [E_i'][E_j']^T$$

となる。

6 章

〔**6.1**〕 式は長くなるが，細かい点もわかるよう，多項式の y をつぎのように書く。

$$y(x) = A_0 + A_1 x + A_2 x^2 + \cdots + A_n x^n + \cdots$$

この y の微係数は

$$\frac{dy}{dx}(x) = A_1 + 2A_2 x + \cdots + nA_n x^{n-1} + \cdots$$

となる。これらを与えられた微分方程式に代入して変形すると

$$(1-x)(A_1 + 2A_2 x + \cdots + nA_n x^{n-1} + \cdots)$$
$$- 2 + (A_0 + A_1 x + A_2 x^2 + \cdots + A_n x^n + \cdots) = 0$$

となる。x のべき乗項別に整理すると

$$(A_1 + A_0 - 2) + 2A_2 x + \cdots + ((n+1)A_{n+1} - (n-1)A_n)x^n + \cdots = 0$$

となる。上式が $x > 0$ で成立するから，x^0 の係数 $A_1 + A_0 - 2$ は 0 である。よって，$A_1 = -A_0 + 2$ である。同様に，x^1 の係数 $2A_2$ から $A_2 = 0$ である。$n = 2$ 以上の x^n の係数 $(n+1)A_{n+1} - (n-1)A_n$ から

$$A_{n+1} = \frac{n-1}{n+1} A_n$$

が導かれる。以上より

$$A_n = 0 \quad (n = 2, 3, \cdots)$$

となる。境界条件より

$$y = y_0 - (y_0 - 2)x$$

である。なお，手間は増えるが，見通しをよくするためには，もとの微分方程式を

$$(1-x)\frac{\mathrm{d}y}{\mathrm{d}x}(x) + y(x) = 2 \quad (x > 0)$$

とし，1) 右辺が 0 の場合の解を求め，2) 右辺が 2 の場合の解を求め，3) 二つの解を組み合わせて境界条件を満たす解を求める，という手順で解く。右辺が 0 の場合，多項式 $y = \sum_{n=0} B_n x^n$ を代入すると

$$\sum_{n=0} ((-n+1)B_n + (n+1)B_{n+1})x^n = 0$$

となり，$(-n+1)B_n + (n+1)B_{n+1} = 0$ より

$$B_1 = -B_0, \quad B_2 = 0, \quad B_n = 0 \quad (n = 3, 4, \cdots)$$

が導かれる。右辺が 2 の場合，$y = 2$ が解となる。したがって，一般解は

$$y = B_0(1-x) + 2$$

である。境界条件より $B_0 + 2 = y_0$ である。すなわち $y = y_0 - (y_0 - 2)x$ となる。

〔**6.2**〕 $u = y(x)$，$v = \dfrac{\mathrm{d}y}{\mathrm{d}x}(x)$ として，与えられた微分方程式を 1 次の連立微分方程式に変換すると，つぎのようになる。

$$\frac{\mathrm{d}}{\mathrm{d}x}\begin{bmatrix} u \\ v \end{bmatrix} = \begin{bmatrix} 0 & 1 \\ -2 & 3 \end{bmatrix}\begin{bmatrix} u \\ v \end{bmatrix}$$

この方程式の解が

$$\begin{bmatrix} u \\ v \end{bmatrix} = \begin{bmatrix} A \\ B \end{bmatrix} \exp(\lambda x)$$

の形を持つと仮定する．ここで，λ と $[A, B]^T$ は未知である．代入すると

$$\begin{bmatrix} -\lambda & 1 \\ -2 & 3-\lambda \end{bmatrix} \begin{bmatrix} A \\ B \end{bmatrix} = \begin{bmatrix} 0 \\ 0 \end{bmatrix}$$

となる．自明でない解が存在するのは，左辺の行列の行列式が 0 の場合である．すなわち

$$\lambda^2 - 3\lambda + 2 = 0$$

である．これより $\lambda = 1, 2$ となる．よって，最初に与えられた微分方程式の一般解は

$$y = a \exp(x) + b \exp(2x)$$

となる．ここで，a と b は任意の定数である．

7 章

〔**7.1**〕　1)　与えられた基底は境界条件を満たす．与えられた微分方程式の右辺を $f(x)$ とおき，基底を用いてこれをつぎの形で表す．

$$f(x) = f_1 \sin x + f_2 \sin(2x) + \cdots + f_N \sin(Nx)$$

本文より，離散化係数 f_n は次式より計算できる．

$$f_n = \sum_m T_{nm}^{-1} \int_0^{2\pi} \sin(nx) f(x) \, dx$$

ここで，T_{nm} は

$$T_{nm} = \int_0^{2\pi} \sin(nx) \sin(mx) \, dx$$

である．この積分は $m = n$ のときのみ 0 でない値 π を持つ．よって，T_{mn} はつぎの行列で与えられる．

$$[T] = \begin{bmatrix} \pi & 0 & \cdots & 0 \\ 0 & \pi & & \vdots \\ 0 & & \ddots & \\ 0 & \cdots & \cdots & \pi \end{bmatrix}$$

これは正則な対角マトリクスであるため，逆マトリクスは簡単に計算できる。実際，T_{nm}^{-1} は $n = m$ の場合 $\dfrac{1}{\pi}$ であり，他の場合は 0 である。したがって

$$f_n = \frac{1}{\pi} \int_0^{2\pi} \sin(nx)\, f(x)\, \mathrm{d}x$$

となる。与えられた $f = 2\sin(2x) + 3\sin(3x)$ より，右辺の離散化係数はつぎのようになる。

$$f_2 = 2, \quad f_3 = 3, \quad f_n = 0 \quad (n \neq 2, 3)$$

2) $[L]$ の成分 L_{nm} は

$$L_{nm} = \frac{1}{\pi} \int_0^{2\pi} \mathcal{L}[\sin(mx)] \sin(nx)\, \mathrm{d}x$$

として計算される。$\mathcal{L}[\sin(mx)] = -m^2 \sin(mx)$ より

$$L_{nm} = \frac{-m^2}{\pi} \int_0^{2\pi} \sin(mx) \sin(nx)\, \mathrm{d}x = \begin{cases} -m^2 & (m = n \text{ のとき}) \\ 0 & (m \neq n \text{ のとき}) \end{cases}$$

となる。行列表示すると，つぎのようになる。

$$[L] = \begin{bmatrix} -1 & 0 & \cdots & 0 \\ 0 & -4 & & \vdots \\ 0 & & \ddots & \\ 0 & \cdots & \cdots & -N^2 \end{bmatrix}$$

3) 求められた $[f]$ と $[L]$ を使って $[L][u] = [f]$ を解く。$[L]$ は正則な対角マトリクスであるから，このマトリクス方程式は簡単に解けて

$$u_2 = -\frac{1}{2}, \quad u_3 = -\frac{1}{3}, \quad u_n = 0 \quad (n \neq 2, 3)$$

となる。この $[u]$ は解 u の離散化係数であるから

$$u(x) = -\frac{1}{2}\sin(2x) - \frac{1}{3}\sin(3x)$$

である。

8章

〔**8.1**〕 $u(x,y)$ と $f(x,y)$ のフーリエ級数展開の係数を $\{u_{nm}\}$ と $\{f_{nm}\}$ とする。すなわち

$$u(x,y) = \sum_{n=1}^{N}\sum_{m=1}^{M} u_{nm} \sin(nx)\sin(my)$$

$$f(x,y) = \sum_{n=1}^{N}\sum_{m=1}^{M} f_{nm} \sin(nx)\sin(my)$$

である。これを式 (8.1) に代入すると

$$-\sum_{n=1}^{N}\sum_{m=1}^{M} n^2 u_{nm} \sin(nx)\sin(my) - \sum_{n=1}^{N}\sum_{m=1}^{M} m^2 u_{nm} \sin(nx)\sin(my)$$
$$= \sum_{n=1}^{N}\sum_{m=1}^{M} f_{nm} \sin(nx)\sin(my)$$

となる。よって、$\sin(nx)\sin(my)$ の項別にまとめれば、次式が得られる。

$$u_{nm} = \frac{-1}{n^2+m^2} f_{nm}$$

〔**8.2**〕 式 (8.9) の E^L の $L_{\beta\alpha}$ による偏微分は、積分と微分の順序を交換することにより、つぎのように計算できる。

$$\frac{\partial E^L}{\partial L_{\beta\alpha}} = \int_D \left(2\mathcal{L}[\phi^\alpha](\mathbf{x})\phi^\beta(\mathbf{x}) + 2\left(\sum_{\beta'} L_{\beta'\alpha}\phi^{\beta'}(\mathbf{x})\phi^\beta(\mathbf{x})\right)\right) d\mathbf{x}$$
$$= \int_D 2(\mathcal{L}[\phi^\alpha](\mathbf{x})\phi^\beta(\mathbf{x})) d\mathbf{x} - 2\pi^2 L_{\beta\alpha}$$

基底 $\{\phi^\alpha\}$ の直交性から、$\phi^\beta \phi^{\beta'}$ の積分は $\beta' = \beta$ のときのみ π^2 になることを用いている。この微係数を 0 とする条件から

$$L_{\beta\alpha} = \frac{1}{\pi^2} \int_D \mathcal{L}[\phi^\alpha](\mathbf{x})\phi^\beta(\mathbf{x}) \, d\mathbf{x}$$

となる。偏微分作用素 $\mathcal{L}$ は

$$\mathcal{L}[u](x,y) = \frac{\partial^2 u}{\partial x^2}(x,y) + \frac{\partial^2 u}{\partial y^2}(x,y)$$

であるので

$$L_{\beta\alpha} = \frac{1}{\pi^2} \int_0^{2\pi} \int_0^{2\pi} (-n^2 \sin(nx)\sin(my) - m^2 \sin(nx)\sin(my)) \sin(kx)\sin(ly)\,d\mathbf{x}$$

となる．基底の直交性を再び使えば，この積分は $\alpha = \beta$ のときのみ 0 でなく，その値は $-(n^2 + m^2)$ である．すなわち，式 (8.10) がつぎのように導かれる．

$$L_{\beta\alpha} = \begin{cases} -(n^2 + m^2) & (\alpha = \beta \text{ のとき}) \\ 0 & (\alpha \neq \beta \text{ のとき}) \end{cases}$$

9 章

〔**9.1**〕 第 1 行に $-a_{21}/a_{11} = 1/3$ をかけて，第 2 行に加えると

$$\begin{bmatrix} 3 & -1 \\ 0 & \frac{5}{3} \end{bmatrix} \begin{bmatrix} x_1 \\ x_2 \end{bmatrix} = \begin{bmatrix} 2 \\ \frac{5}{3} \end{bmatrix}$$

となる．これからただちに $x_2 = 1$ と $x_1 = (2 - 1 \times (-1))/3 = 1$ が得られる．

〔**9.2**〕 ヤコビ法より，つぎのように $[x^{k+1}]$ の成分を計算する．

$$x_i^{k+1} = \frac{1}{a_{ii}} \left(-\sum_{j=1}^{i-1} a_{ij} x_j^k - \sum_{j=i+1}^{n} a_{ij} x_j^k + b_i \right)$$

反復計算の計算結果を**解表 9.1** に示す．反復回数 9 回で $\left|[x^{k+1}] - [x^k]\right| < 1.0 \times 10^{-3}$ となることがわかる．

解表 9.1 ヤコビ法の計算結果

反復回数 k	x_1^k	x_2^k	$\left|[x^k] - [x^{k-1}]\right|$
1	0.666667	0.500000	0.833333
2	0.833333	0.833333	0.372678
3	0.944444	0.916667	0.138889
4	0.972222	0.972222	0.062113
5	0.990741	0.986111	0.023148
6	0.995370	0.995370	0.010352
7	0.998457	0.997685	0.003858
8	0.999228	0.999228	0.001725
9	0.999743	0.999614	0.000643

〔**9.3**〕 ガウス-ザイデル法より，つぎのように $[x^{k+1}]$ の成分を計算する．

$$x_i^{k+1} = \frac{1}{a_{ii}} \left(-\sum_{j=1}^{i-1} a_{ij} x_j^{k+1} - \sum_{j=i+1}^{n} a_{ij} x_j^k + b_i \right)$$

反復計算の計算結果を**解表 9.2** に示す．反復回数 6 回で $\left| [x^{k+1}] - [x^k] \right| < 1.0 \times 10^{-3}$ となることがわかる．収束に必要な反復回数は，ヤコビ法よりも少ない．

解表 9.2 ガウス-ザイデル法の計算結果

反復回数 k	x_1^k	x_2^k	$\left\| [x^k] - [x^{k-1}] \right\|$
1	0.666 667	0.500 000	1.067 190
2	0.833 333	0.833 333	0.310 565
3	0.944 444	0.916 667	0.051 760
4	0.972 222	0.972 222	0.008 626
5	0.990 741	0.986 111	0.001 437
6	0.995 370	0.995 370	0.000 239

〔**9.4**〕 共役勾配法を用いた結果は以下のようになる．

$$[p^0] = [r^1] = \begin{bmatrix} 2 \\ 1 \end{bmatrix}$$

$$[A][p^1] = \begin{bmatrix} 3 & -1 \\ -1 & 2 \end{bmatrix} \begin{bmatrix} 2 \\ 1 \end{bmatrix} = \begin{bmatrix} 5 \\ 0 \end{bmatrix}$$

$$\alpha_0 = \frac{[2,1][2,1]^T}{[2,1][5,0]^T} = \frac{1}{2}$$

$$[x^2] = \begin{bmatrix} 0 \\ 0 \end{bmatrix} + \frac{1}{2} \begin{bmatrix} 2 \\ 1 \end{bmatrix} = \begin{bmatrix} 1 \\ \frac{1}{2} \end{bmatrix}$$

$$[r^2] = \begin{bmatrix} 2 \\ 1 \end{bmatrix} - \frac{1}{2} \begin{bmatrix} 5 \\ 0 \end{bmatrix} = \begin{bmatrix} -\frac{1}{2} \\ 1 \end{bmatrix}$$

$$\beta_1 = \frac{\left[-\frac{1}{2}, 1 \right][5,0]^T}{[2,1][5,0]^T} = -\frac{1}{4}$$

$$[p^2] = \begin{bmatrix} -\frac{1}{2} \\ 1 \end{bmatrix} + \begin{bmatrix} \frac{1}{2} \\ \frac{1}{4} \end{bmatrix} = \begin{bmatrix} 0 \\ \frac{5}{4} \end{bmatrix}$$

$$[A][p^2] = \begin{bmatrix} 3 & -1 \\ -1 & 2 \end{bmatrix} \begin{bmatrix} 0 \\ \frac{5}{4} \end{bmatrix} = \begin{bmatrix} -\frac{5}{4} \\ \frac{5}{2} \end{bmatrix}$$

$$\alpha_1 = \frac{\left[0, \frac{5}{4}\right] \left[-\frac{1}{2}, 1\right]^T}{\left[0, \frac{5}{4}\right] \left[-\frac{5}{4}, \frac{5}{2}\right]^T} = \frac{2}{5}$$

$$[x^3] = \begin{bmatrix} 1 \\ \frac{1}{2} \end{bmatrix} + \frac{2}{5} \begin{bmatrix} 0 \\ \frac{5}{4} \end{bmatrix} = \begin{bmatrix} 1 \\ 1 \end{bmatrix}$$

$$[r^3] = \begin{bmatrix} -\frac{1}{2} \\ 1 \end{bmatrix} - \frac{2}{5} \begin{bmatrix} -\frac{5}{4} \\ \frac{5}{2} \end{bmatrix} = \begin{bmatrix} 0 \\ 0 \end{bmatrix}$$

したがって，反復回数 2 回で残差 $[r^3]$ が $[0]$ となる．

〔**9.5**〕 ヤコビ法では，$[x^{k+1}]$ の成分はつぎのように計算される．

$$x_i^{k+1} = \frac{1}{a_{ii}} \left(-\sum_{j=1}^{i-1} a_{ij} x_j^k - \sum_{j=i+1}^{n} a_{ij} x_j^k + b_i \right)$$

したがって，1 回の反復当り，$\sum_j a_{ij} x_j$ の部分にマトリクス・ベクトル積 1 回分の計算コストが必要となる．ガウス–ザイデル法でも，同様にマトリクス・ベクトル積 1 回分の計算コストが必要となる．共役勾配法の場合，$[A][p^i]$ の計算にマトリクス・ベクトル積 1 回分の計算コストが必要となる．

行列の次元を n とすると，ベクトルの内積の計算コストはかけ算 n 回と足し算 $(n-1)$ 回の計 $2n-1$ 回，ベクトル・スカラ積はかけ算 n 回，ベクトルの加算は足し算 n 回となり，いずれも n に比例する．マトリクス・ベクトル積は，かけ算 n^2 回と足し算 $(n-1)n$ 回となり，n^2 に比例する．したがって，行列の大きさ n が大きい場合，ベクトルの内積，ベクトルの加算，ベクトル・スカラ積の 3 種類の演算の計算コストは，マトリクス・ベクトル積に比べて無視できるほど小さい．

ヤコビ法・ガウス–ザイデル法はベクトルの加算 1 回，$1/a_{ii}$ の計算にベクトル・スカラ積 1 回分の計算コストが必要であるのに対し，共役勾配法はベクトルの内積計算が $([p^i],[r^i])$，$([p^i],[A][p^i])$，$([r^i],[A][p^i])$ の計 3 回，ベクトルの加算とベクトル・スカラ積が複数回必要となる．しかしながら，いずれの手法でもマトリクス・ベクトル積の計算回数は 1 回であるので，行列の次元 n が大きい場合，1 回の反復当りの計算コストは，以上の三つの手法で同程度となる．なお，行列 $[A]$ が疎行列の場合，マ

トリクス・ベクトル積の計算コストは n^2 ではなくなることに注意が必要である。計算コストはマトリクス内の一つの列にある 0 でない要素の数程度になる。

〔**9.6**〕 マトリクス $[A]$ の固有値と固有ベクトルを λ と $[y]$ とすると，$[A][y] = \lambda[y]$ であるから

$$([A] - \lambda[I])[y] = \mathbf{0}$$

となる。自明でない $[x]$ を求めるためには，$|[A] - \lambda[I]| = 0$ である。この行列式を解くと

$$\lambda = 2,\ 3$$

を得る。得られた λ を $([A] - \lambda[I])[y] = [0]$ に代入して $[y]$ を求めると，上の λ に対応して

$$[y] = \begin{bmatrix} 1 \\ 1 \end{bmatrix},\ \begin{bmatrix} 2 \\ 1 \end{bmatrix}$$

を得る。

〔**9.7**〕 $[x^n]$ の方向の単位ベクトルを $[e^n]$ とする。$n = 10$ まで $[e^n]$ を計算した結果と，〔9.6〕で求めた最大固有値に対応する固有ベクトルの方向の単位ベクトルを $[e]_L$ として誤差を $|[e^n] - [e]_L|$ とする。計算結果を**解表 9.3** に示す。

解表 9.3 べき乗法の数値解と誤差

	$[e^n]$	誤差 $|[e^n] - [e]_L|$
$n = 3$	$\begin{pmatrix} 0.923\,926 \\ 0.382\,572 \end{pmatrix}$	0.148\,570
$n = 10$	$\begin{pmatrix} 0.895\,973 \\ 0.444\,108 \end{pmatrix}$	0.007\,156

〔**9.8**〕 $[x]^n$ の方向の単位ベクトルを $[e^{n+1}]$ とする。$n = 10$ まで $[e^n]$ を計算した結果と，〔9.6〕で求めた最小固有値に対応する固有ベクトルの方向の単位ベクトルを $[e]_S$ として誤差を $|[e^n] - [e]_S|$ とする。計算結果を**解表 9.4** に示す。

解表 9.4 逆べき乗法の数値解と相対誤差

	$[e^n]$	誤差 $\lvert[e^n]-[e]_S\rvert$
$n=3$	$\begin{pmatrix} -0.497\,046 \\ -0.867\,724 \end{pmatrix}$	0.373 961
$n=10$	$\begin{pmatrix} -0.700\,718 \\ -0.713\,439 \end{pmatrix}$	0.012 721

10 章

〔**10.1**〕 時間刻みと空間刻みを $\mathrm{d}t$ と $\mathrm{d}x$ とする。左辺の $\partial u/\partial t$ に前進差分近似,右辺の $\partial^2 u/\partial x^2$ に2階中心差分近似を用いると

$$\frac{u(x,t+\mathrm{d}t)-u(x,t)}{\mathrm{d}t}=\frac{u(x+\mathrm{d}x,t)-2u(x,t)+u(x-\mathrm{d}x,t)}{\mathrm{d}x^2}$$

を得る。これは $u(x,t+\mathrm{d}t)$ を決める次式に変形することができる。

$$u(x,t+\mathrm{d}t)=u(x,t)+\frac{\mathrm{d}t}{\mathrm{d}x^2}(u(x+\mathrm{d}x,t)-2u(x,t)+u(x-\mathrm{d}x,t))$$

したがって,$u(n\mathrm{d}x,m\mathrm{d}t)=u_{nm}$ とすると

$$u_{n\,m+1}=u_{nm}+\frac{\mathrm{d}t}{\mathrm{d}x^2}(u_{n+1\,m}-2u_{nm}+u_{n-1\,m})$$
$$(n=1,2,\cdots N-1,\ m=0,1,\cdots,M-1)$$

となる。ここで,N と M は $1/\mathrm{d}x$ と $1/\mathrm{d}t$ である。初期条件と境界条件を使うことで,上式から u_{nm} を計算することができる。計算結果と,数値解と解析解の相対誤差を**解表 10.1** に示す。なお,変数分離法を用いることで,解析解は

$$u^R(x,t)=e^{-\pi^2 t}\sin\pi x$$

となる。相対誤差は

$$E=\frac{|u(x,t)-u^R(x,t)|}{|u^R(x,t)|}$$

と定義する。

解表 10.1 数値解と解析解の相対誤差

		$x=0.25$	$x=0.5$	$x=0.75$
$t=0.01$	u_n	0.6407	0.9060	0.6407
	E	0.0003	0.0003	0.0003
$t=0.02$	u_n	0.5804	0.8209	0.5804
	E	0.0006	0.0006	0.0006
$t=0.03$	u_n	0.5259	0.7437	0.5259
	E	0.0008	0.0008	0.0008
$t=0.04$	u_n	0.4765	0.6738	0.4765
	E	0.0011	0.0011	0.0011

〔10.2〕 $f(x_0+h)$, $f(x_0-h)$, $f(x_0+2h)$ をテイラー展開すると

$$f(x_0+h) = f(x_0) + f'(x_0)h + \frac{f''(x_0)}{2!}h^2 + \frac{f'''(x_0)}{3!}h^3 + \cdots$$

$$f(x_0-h) = f(x_0) - f'(x_0)h + \frac{f''(x_0)}{2!}h^2 - \frac{f'''(x_0)}{3!}h^3 + \cdots$$

$$f(x_0+2h) = f(x_0) + 2f'(x_0)h + \frac{4f''(x_0)}{2!}h^2 + \frac{8f'''(x_0)}{3!}h^3 + \cdots$$

となる。したがって，$f(x_0+h)-f(x_0-h)$ と $4f(x_0+h)-f(x_0+2h)$ は

$$f(x_0+h) - f(x_0-h) \simeq 2f'(x_0)h + \frac{1}{3}f'''(x_0)h^3$$

$$4f(x_0+h) - f(x_0+2h) \simeq 3f(x_0) + 2f'(x_0)h - \frac{2}{3}f''(x_0)h^3$$

となる。$2(f(x_0+h)-f(x_0-h)) + (4f(x_0+h)-f(x_0+2h))$ を計算すると，次式を得る。

$$f'(x_0) \simeq \frac{-f(x_0+2h) + 6f(x_0+h) - 3f(x_0) - 2f(x_0-h)}{6h}$$

〔10.3〕 $h=b-a$ として $f(b)=f(a+h)$ を a の近くでテイラー展開し，台形公式を計算すると

$$\frac{1}{2}h(f(a)+f(a+h)) = \frac{1}{2}h\left(f(a)+f(a)+f'(a)h+\frac{1}{2}f''(a)h^2+\cdots\right)$$

となる。また，f の母関数を F ($F'=f$) とし，この F のテイラー展開を使って積分を計算すると

$$\int_a^{a+h} f(x)\,\mathrm{d}x = F(a+h) - F(a) = hF'(a) + \frac{1}{2}F''(a)h^2 + \frac{1}{6}F'''(a)h^3 + \cdots$$

となる。上の二つの式の差をとると，台形公式の誤差は

$$-\frac{1}{12}h^3 f''(a) + \cdots$$

として計算できる。

〔**10.4**〕 〔10.3〕と同様に計算する。$f((a+b)/2) = f(a+h)$ と $f(b) = f(a+2h)$ のテイラー展開を用いてシンプソン公式を計算すると

$$\frac{h}{3}\left(f(a) + 2hf'(a) + 2h^2 f''(a) + \frac{4h^3}{3}f'''(a) + \frac{2h^4}{3}f''''(a) + \cdots\right)$$
$$+ \frac{4h}{3}\left(f(a) + hf'(a) + \frac{h^2}{2}f''(a) + \frac{h^3}{6}f'''(a) + \frac{h^4}{24}f''''(a) + \cdots\right) + \frac{1}{3}hf(a)$$
$$= \frac{h}{3}\left(6f(a) + 6hf'(a) + 4h^2 f''(a) + 2h^3 f'''(a) + \frac{5h^4}{6}f''''(a) + \cdots\right)$$

となる。f の母関数 F を使って積分を計算すると

$$\int_a^{a+2h} f(x)\,\mathrm{d}x = F(a+2h) - F(a)$$
$$= 2hf(a) + 2h^2 f'(a) + \frac{4h^3}{3}f''(a) + \frac{2h^4}{3}f'''(a) + \frac{4h^5}{15}f''''(a) + \cdots$$

となる。上の二つの式の差をとると，シンプソン公式の誤差は次式となる。

$$-\frac{1}{90}h^5 f''''(a) + \cdots$$

〔**10.5**〕 解析的に積分を計算すると，次式を得る。

$$I = \left[\frac{1}{5}x^5 + \frac{2}{3}x^3 + 2x\right]_{-1}^1 = \frac{86}{15}$$

表 10.1 を使って $n = 2$ の場合のガウス-ルジャンドル型数値積分を適用すると

$$I \simeq f\left(-\frac{\sqrt{3}}{3}\right) + f\left(\frac{\sqrt{3}}{3}\right) = \frac{50}{9}$$

となる。同様に $n = 3$ の場合は

$$I \simeq \frac{5}{9}f\left(\sqrt{\frac{3}{5}}\right) + \frac{8}{9}f(0) + \frac{5}{9}f\left(-\sqrt{\frac{3}{5}}\right) = \frac{86}{15}$$

となる。$n = 2$ の場合は正解と一致しないが，$n = 3$ の場合はガウス-ルジャンドル型数値積分が正解を与えることがわかる。被積分関数が $2n-1$ 次までの多項式の場合，n のガウス-ルジャンドル型数値積分は誤差 0 で積分を計算する。この問題の f は 4 次の多項式であるから，$n = 2$ の場合は誤差 0 にはならないものの，$n = 3$ の場合は誤差 0 になることは当然である。

11 章

〔11.1〕 $F(x) = \sin(x)$ とおき，$F(x) = 0$ となる x を求めると

$$x = n\pi \quad (n = 0, \pm 1, \pm 2, \cdots)$$

となる。したがって，題意の微分方程式の解で一定値をとる解は $x(t) = n\pi$ である。ここで

$$F'(n\pi) = \cos(n\pi) = (-1)^n$$

であるから，n が偶数であれば $F'(n\pi) > 0$，奇数であれば $F'(n\pi) < 0$ である。したがって，一定値をとる解のうち，安定な解は $x(t) = (2n+1)\pi$ である。

〔11.2〕 〔11.1〕と同様に，$F(x) = \sin^2(x)$ とおき，$F(x) = 0$ となる x を求めると

$$x = n\pi \quad (n = 0, \pm 1, \pm 2, \cdots)$$

となる。したがって，題意の微分方程式の解で一定値をとる解は $x(t) = n\pi$ である。つぎに F' を計算すると

$$F'(n\pi) = \sin(2n\pi) = 0$$

となり，F' の正負を使った解の安定・不安定は判定できない。重解の場合と同様に F'' を計算すると

$$F''(n\pi) = 2\cos(2n\pi) = 2$$

となる。したがって，$x(t) = n\pi$ に若干の乱れ $y(t)$ が加わると，この $y(t)$ は

$$\dot{y}(t) = \frac{1}{2}F''(n\pi)y(t)^2 = y(t)^2$$

を満たすことになる。この微分方程式の解は

$$y(t) = \frac{-1}{t - t_0}$$

となる。ここで，t_0 は定数である。題意より $y(0) = \varepsilon$ であるから，$t_0 = 1/\varepsilon$ である。したがって，$\varepsilon < 0$ であれば $y(t)$ は 0 に収束し，$\varepsilon > 0$ であれば $y(t)$ は $t = 1/\varepsilon$ で発散する。この結果，$\varepsilon < 0$ であれば $x(t) = n\pi$ は安定，$\varepsilon > 0$ であれば $x(t) = n\pi$ は不安定になる。

12 章

[**12.1**] 外力に相当する項がないため，トリビアルな解は $w^T(x) = 0$ である。つぎに，トリビアルでない解を探す。微分方程式の一般解は

$$w(x) = C_0 \sin\left(\sqrt{P}x\right) + C_1 \cos\left(\sqrt{P}x\right) + C_2 + C_3 x$$

である。C_0 から C_3 は未知の定数である。この $w(x)$ の微係数は

$$w'(x) = \sqrt{P}C_0 \cos\left(\sqrt{P}x\right) - \sqrt{P}C_1 \sin\left(\sqrt{P}x\right) + C_3$$

であるから，境界条件を使って C_0 から C_3 が満たす式を見つけると

$$w(0) = C_1 + C_2 = 0$$
$$w'(0) = \sqrt{P}C_0 + C_3 = 0$$
$$w(1) = C_0 \sin\sqrt{P} + C_1 \cos\sqrt{P} + C_2 + C_3 = 0$$
$$w'(1) = \sqrt{P}C_0 \cos\sqrt{P} - \sqrt{P}C_1 \sin\sqrt{P} + C_3 = 0$$

となる。$C_1 = -C_2$ と $C_3 = -\sqrt{P}C_0$ を $w(1)$ と $w'(1)$ に代入し

$$w(1) = C_0 \left(\sin\sqrt{P} - \sqrt{P}\right) + C_2 \left(1 - \cos\sqrt{P}\right) = 0$$
$$w'(1) = C_0\sqrt{P}\left(\cos\sqrt{P} - 1\right) + C_2\sqrt{P}\sin\sqrt{P} = 0$$

を得る。これは C_0 と C_2 に対する連立方程式である。$C_0 = 0$ と $C_2 = 0$ 以外の解を持つためには，この連立方程式をマトリクス方程式とみた場合のマトリクスの行列式

$$\begin{vmatrix} \sin\sqrt{P} - \sqrt{P} & 1 - \cos\sqrt{P} \\ \sqrt{P}\left(\cos\sqrt{P} - 1\right) & \sqrt{P}\sin\sqrt{P} \end{vmatrix} = \sqrt{P}\left(2 - 2\cos\sqrt{P} - \sqrt{P}\sin\sqrt{P}\right)$$

が 0 になる必要がある。ここで，$P = 0$ は行列式を 0 とするが，対応する $w(x)$ は $w(x) = 0$ となり，トリビアルな解 $w^T(x)$ と一致する。括弧内の項を 0 とすると

$$4\sin\frac{\sqrt{P}}{2}\left(\sin\frac{\sqrt{P}}{2} - \frac{\sqrt{P}}{2}\cos\frac{\sqrt{P}}{2}\right) = 0$$

となる。したがって，$\sqrt{P}/2$ は

$$\frac{\sqrt{P}}{2} = n\pi \quad (n = 1, 2, \cdots)$$

または $\tan\left(\sqrt{P}/2\right) = \sqrt{P}/2$ を満たす．解図 **12.1** に示すように，最小の P は $P = 4\pi^2$ である．$P = 4\pi^2$ を $w(x)$ に代入し，境界条件から導いた C_0 から C_3 の条件を考えると，最小の座屈荷重をかけた際の解は，次式で与えられる．

$$w(x) = C_1\left(\cos(2\pi x) - 1\right)$$

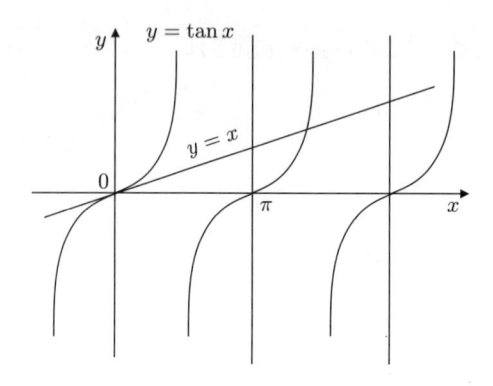

解図 12.1 α と π の大小関係

13 章

〔**13.1**〕 $x = x_0 + \varepsilon x_1 + \varepsilon^2 x_2$ を $f(x;\varepsilon)$ に代入すると

$$(x_0 + \varepsilon x_1 + \varepsilon^2 x_2)^2 - (5+\varepsilon)(x_0 + \varepsilon x_1 + \varepsilon^2 x_2) + \cdots$$
$$= (x_0^2 - 5x_0 + 6) + \varepsilon(2x_0 x_1 - x_0 - 5x_1 - 1) + \varepsilon^2(2x_0 x_2 + x_1^2 - x_1 - 5x_2)$$

となる．したがって，$f(x;\varepsilon) = 0$ が任意の ε で成立するためには，ε の係数が 0 でなければならない．すなわち

$$x_0^2 - 5x_0 + 6 = 0, \quad 2x_0 x_1 - x_0 - 5x_1 - 1 = 0,$$
$$2x_0 x_2 + x_1^2 - x_1 - 5x_2 = 0$$

である．最初の式から $x_0 = 2, 3$ が得られる．$x_0 = 2$ のとき，第 2 式と第 3 式から $x_1 = -3$ と $x_2 = 12$ が得られる．同様にして，$x_0 = 3$ のときは $x_1 = 4$ と $x_2 = -12$ が得られる．したがって，$\varepsilon = 0.1$ のときの近似解はつぎのように計算される．

$$x \approx 2 - 3\varepsilon + 12\varepsilon^2 = 2 - 0.3 + 0.12 = 1.82$$
$$x \approx 3 + 4\varepsilon - 12\varepsilon^2 = 3 + 0.4 - 0.12 = 3.28$$

なお，$f(x; 0.1) = 0$ の解は

$$x = \frac{5.1 \pm \sqrt{5.1^2 - 4 \times 5.9}}{2} = 1.774, \ 3.326$$

である．ε の 2 次の近似解は高い精度で解を近似していることがわかる．

〔**13.2**〕 $u(t)$ の摂動展開をつぎのように仮定する．

$$u(t) \sim u_0(t) + \varepsilon u_1(t) + \varepsilon^2 u_2(t) + \cdots$$

初期値問題の微分方程式に摂動展開を代入し，ε に関して整理すると

$$\left(\frac{du_0}{dt} + u_0\right) + \varepsilon\left(\frac{du_1}{dt} + u_1 - u_0^2\right) + \varepsilon^2\left(\frac{du_2}{dt} + u_2 - 2u_0 u_1\right) + \cdots = 0$$

となる．したがって，u_0, u_1, u_2 に関するつぎの微分方程式を得る．

$$\frac{du_0}{dt}(t) + u_0(t) = 0, \quad \frac{du_1}{dt}(t) + u_1(t) - u_0^2(t) = 0,$$
$$\frac{du_2}{dt}(t) + u_2(t) - 2u_0(t)u_1(t) = 0$$

初期値問題の初期条件に摂動展開を代入すると

$$u_0(0) + \varepsilon u_1(0) + \varepsilon^2 u_2(0) + \cdots = 1$$

となる．したがって

$$u_0(0) = 1, \quad u_1(0) = 0, \quad u_2(0) = 0$$

である．以上，u_0 に関して微分方程式と初期条件が与えられたから，これを解くと

$$u_0(t) = \exp(-t)$$

となる．u_0 が決定されたため，u_1 に対しても，つぎの微分方程式が与えられたことになる．

$$\frac{du_1}{dt}(t) + u_1(t) - \exp(-2t) = 0$$

一般解は，定数 c を用いて

$$u_1(t) = c\exp(-t) - \exp(-2t)$$

である．初期条件から $c = 1$ が得られる．この結果，u_2 に対してもつぎの微分方程式が与えられたことになる．

$$\frac{du_2}{dt}(t) + u_2(t) - 2(\exp(-2t) - \exp(-3t)) = 0$$

一般解は

$$u_2(t) = c\exp(-t) - 2\exp(-2t) + \exp(-3t)$$

である。初期条件から $c=1$ が得られる。以上より，ε の2次までの近似解は次式で与えられる。

$$u(t) = (1+\varepsilon+\varepsilon^2)\exp(-t) - (\varepsilon+2\varepsilon^2)\exp(-2t) + \varepsilon^2\exp(-3t)$$

〔**13.3**〕　1) 初期値問題の微分方程式の両辺に du/dt をかけて整理すると

$$\frac{1}{2}\frac{d}{dt}\left(\left(\frac{du}{dt}(t)\right)^2 + u(t)^2 + \frac{\varepsilon}{2}u(t)^4\right) = 0$$

となる。ここで

$$\frac{d}{dt}\left(\frac{du}{dt}\right)^2 = 2\frac{du}{dt}\frac{d^2u}{dt^2}$$

が使われている。上式より明らかに括弧内の項は t によらず一定であることがわかる。

2) $\tau = \varepsilon t$ を使って，t の微分をつぎのように書き換える。

$$\frac{d}{dt} = \frac{\partial}{\partial t} + \frac{\partial}{\partial \tau}\frac{\partial \tau}{\partial t} = \frac{\partial}{\partial t} + \varepsilon\frac{\partial}{\partial \tau}$$

$$\frac{d^2}{dt^2} = \frac{\partial^2}{\partial t^2} + 2\varepsilon\frac{\partial^2}{\partial t \partial \tau} + \varepsilon^2\frac{\partial^2}{\partial \tau^2}$$

$u(t) = u_0(t,\tau) + \varepsilon u_1(t,\tau)$ を微分方程式に代入すると

$$\frac{\partial^2 u_0}{\partial t^2}(t,\tau) + 2\varepsilon\frac{\partial^2 u_0}{\partial t\partial \tau}(t,\tau) + \varepsilon^2\frac{\partial^2 u_0}{\partial \tau^2}(t,\tau)$$
$$+ \varepsilon\left(\frac{\partial^2 u_1}{\partial t^2}(t,\tau) + 2\varepsilon\frac{\partial^2 u_1}{\partial t\partial \tau}(t,\tau) + \varepsilon^2\frac{\partial^2 u_1}{\partial \tau^2}(t,\tau)\right)$$
$$+ (u_0(t,\tau) + \varepsilon u_1(t,\tau)) + \varepsilon(u_0(t,\tau) + \varepsilon u_1(t,\tau))^3 = 0$$

となる。これを ε に関して整理して

$$\left(\frac{\partial^2 u_0}{\partial t^2}(t,\tau) + u_0(t,\tau)\right)$$
$$+ \varepsilon\left(2\frac{\partial^2 u_0}{\partial t\partial \tau}(t,\tau) + \frac{\partial^2 u_1}{\partial t^2}(t,\tau) + u_1(t,\tau) + u_0(t,\tau)^3\right) + \cdots = 0$$

を得る。上式が任意の ε に関して成り立つには

演習問題解答

$$\frac{\partial^2 u_0}{\partial t^2}(t,\tau) + u_0(t,\tau) = 0$$

$$2\frac{\partial^2 u_0}{\partial t \partial \tau}(t,\tau) + \frac{\partial^2 u_1}{\partial t^2}(t,\tau) + u_1(t,\tau) + u_0(t,\tau)^3 = 0$$

となればよい。第1式より

$$u_0(t,\tau) = A(\tau)\exp(\imath t) + \overline{A(\tau)}\exp(-\imath t)$$

を仮定する。なお，$u_0(t,\tau)$ を実数とするために，τ の関数として複素共役の $A(\tau)$ と $\overline{A(\tau)}$ を使っている。もちろん $A(\tau)$ は未知の関数である。この u_0 を第2式に代入して，次式を得る。

$$\frac{\partial^2 u_1}{\partial t^2}(t,\tau) + u_1(t,\tau) = -2\imath \frac{\partial}{\partial \tau}A(\tau)\exp(\imath t) + 2\imath \frac{\partial}{\partial \tau}\overline{A(\tau)}\exp(-\imath t)$$
$$- c_1(\tau)^3 \exp(3\imath t) - \overline{A(\tau)}^3 \exp(-3\imath t)$$
$$- 3A(\tau)^2 \overline{A(\tau)}\exp(\imath t) - 3\overline{A(\tau)^2}\exp(-\imath t)$$

この式の右辺に $\exp(\pm \imath t)$ を含む項があると，$u_1(t,\tau)$ には $t\exp(\pm \imath t)$ の項が入ることになる。この項は t が大きくなると発散するので適当ではない。そこで，つぎの二つの式を仮定する。

$$2\imath \frac{\partial}{\partial \tau}A(\tau) + 3A(\tau)^2\overline{A(\tau)} = 0$$
$$2\imath \frac{\partial}{\partial \tau}\overline{A(\tau)} - 3\overline{A(\tau)}A(\tau) = 0$$

二つの式にそれぞれ $\overline{A(\tau)}$ と $A(\tau)$ をかけて足し合わせると

$$4\imath \frac{\partial}{\partial \tau}(B(\tau)) = 0$$

が得られる。ここで $B(\tau) = A(\tau)\overline{A(\tau)}$ である。したがって，$B(\tau)$ は τ によらず一定値となる。この結果，定数 C と τ の関数 $\theta(\tau)$ を用いて，$A(\tau)$ を

$$A(\tau) = C\exp(\imath \theta(\tau))$$

とおくことができる。未知の $\theta(\tau)$ を決めるため，この $A(\tau)$ を $A(\tau)$ の微分方程式に代入すると

$$-2C\frac{d\theta}{d\tau}(\tau)\exp(\imath \theta(\tau)) + 3C^3 \exp(\imath \theta(\tau)) = 0$$

となる。すなわち

171

$$\frac{d\theta}{d\tau}(\tau) = \frac{3}{2}C^2$$

である．この $\theta(\tau)$ の微分方程式は簡単に解けて

$$\theta(\tau) = \theta_0 + \frac{3}{2}C^2\tau$$

となる．ここで，θ_0 は定数である．以上より

$$A(\tau) = C\exp\left(\imath\left(\theta_0 + \frac{3}{2}C^2\tau\right)\right)$$

となり，この $A(\tau)$ を u_0 の微分方程式に代入すると

$$u_0(t,\tau) = C\exp\left(\imath\left(t + \theta_0 + \frac{3}{2}C^2\tau\right)\right) + C\exp\left(-\imath\left(t + \theta_0 + \frac{3}{2}C^2\tau\right)\right)$$
$$= 2C\cos\left(t + \theta_0 + \frac{3}{2}C^2\tau\right)$$

を得る．初期条件から定数 C と θ_0 は $C = 1/2$ と $\theta_0 = 0$ となる．したがって，$u_0(t,\tau)$ が決まり，これが ε の 0 次の近似解となる．

$$u(t) \approx \cos\left(t + \frac{3}{8}\varepsilon t\right)$$

14 章

[**14.1**] x と y の線形和 X と Y をつぎのように定義する．

$$\begin{bmatrix} X \\ Y \end{bmatrix} = \begin{bmatrix} a_{Xx} & a_{Xy} \\ a_{Yx} & a_{Yy} \end{bmatrix} \begin{bmatrix} x \\ y \end{bmatrix}$$

本文と同様に，$\{a_{Xx}, a_{Xy}, a_{Yx}, a_{Yy}\}$ を一意に定めるため

$$a_{Xx}^2 + a_{Xy}^2 = a_{Yx}^2 + a_{Yy}^2 = 1, \quad a_{Xx}a_{Yx} + a_{Xy}a_{Yy} = 0$$

を仮定し

$$\begin{bmatrix} a_{Xx} & a_{Xy} \\ a_{Yx} & a_{Yy} \end{bmatrix} = \begin{bmatrix} \cos\theta & \sin\theta \\ -\sin\theta & \cos\theta \end{bmatrix}$$

とする．線形和 X と Y が独立であることから，$\langle XY \rangle = 0$ である．この式の左辺に上式を代入して

$$\langle XY \rangle = \langle (a_{Xx}x + a_{Xy}y)(a_{Yx}x + a_{Yy}y) \rangle$$

$$= a_{Yx}a_{Xx}\langle x^2\rangle + a_{Xy}a_{Yy}\langle y^2\rangle + (a_{Xx}a_{Yy} + a_{Xy}a_{Yx})\langle xy\rangle$$
$$= -\cos\theta\sin\theta\langle x^2\rangle + \cos\theta\sin\theta\langle y^2\rangle + (\cos^2\theta - \sin^2\theta)\langle xy\rangle$$
$$= \frac{-c_{xx}+c_{yy}}{2}\sin 2\theta + c_{xy}\cos 2\theta$$

を得る。相関係数の値から，$-\sin 2\theta + \sqrt{3}\cos 2\theta = 0$ より，θ の値は

$$\theta = \frac{\pi}{6}$$

となる。

$$\begin{bmatrix} X \\ Y \end{bmatrix} = \begin{bmatrix} \cos\theta & \sin\theta \\ -\sin\theta & \cos\theta \end{bmatrix} \begin{bmatrix} x \\ y \end{bmatrix}$$

だから，逆行列をとって

$$\begin{bmatrix} x \\ y \end{bmatrix} = \begin{bmatrix} X\cos\theta - Y\sin\theta \\ X\sin\theta + Y\cos\theta \end{bmatrix} = X\begin{bmatrix} \cos\theta \\ \sin\theta \end{bmatrix} + Y\begin{bmatrix} -\sin\theta \\ \cos\theta \end{bmatrix}$$

を得る。

〔**14.2**〕 (1) $X = x - \langle x\rangle$ と $Y = y - \langle y\rangle$ の平均を計算すると

$$\langle X\rangle = \langle x - \langle x\rangle\rangle = \langle x\rangle - \langle x\rangle = 0, \quad \langle Y\rangle = \langle y - \langle y\rangle\rangle = \langle y\rangle - \langle y\rangle = 0$$

となる。したがって，相関係数 c_{XY} および自己相関係数 c_{XX}, c_{YY} は

$$c_{XY} = \langle(X - \langle X\rangle)(Y - \langle Y\rangle)\rangle = \langle XY\rangle = \langle(x - \langle x\rangle)(y - \langle y\rangle)\rangle$$
$$= \langle xy - \langle x\rangle y - x\langle y\rangle + \langle x\rangle\langle y\rangle\rangle = \langle xy\rangle - \langle x\rangle\langle y\rangle = 2\sqrt{3}$$
$$c_{XX} = \langle x^2\rangle - \langle x\rangle^2 = 2$$
$$c_{YY} = \langle y^2\rangle - \langle y\rangle^2 = 6$$

となる。

(2) 〔14.1〕と同様，確率変数 P と Q をつぎのように定義する。

$$\begin{bmatrix} P \\ Q \end{bmatrix} = \begin{bmatrix} \cos\theta & -\sin\theta \\ \sin\theta & \cos\theta \end{bmatrix} \begin{bmatrix} X \\ Y \end{bmatrix}$$

ここで，確率変数 P と Q は独立であることから $\langle PQ\rangle = 0$ であり，〔14.1〕と同様に

$$\frac{-c_{XX}+c_{YY}}{2}\sin(2\theta) + c_{XY}\cos(2\theta) = 0$$

となる。(1) で求めた相関係数 c_{XY} と自己相関係数 c_{XX}, c_{YY} をここに代入すると，$\sin(2\theta) + \sqrt{3}\cos(2\theta) = 0$ となる。したがって

$$\theta = \frac{\pi}{3}$$

を得る。この θ を使うと，$x = X + \langle x \rangle$ と $y = Y + \langle y \rangle$ より

$$\begin{bmatrix} x \\ y \end{bmatrix} = P \begin{bmatrix} \cos\theta \\ \sin\theta \end{bmatrix} + Q \begin{bmatrix} -\sin\theta \\ \cos\theta \end{bmatrix} + \begin{bmatrix} \langle x \rangle \\ \langle y \rangle \end{bmatrix}$$

が得られる。

索引

【お】
オイラーの公式
　Euler's formula　53

【か】
確率関数
　probability function　141
確率変数
　random variable　134
関数空間
　functional space　18

【き】
基底
　base　10
共役勾配法
　conjugate gradient method　87
境界条件
　boundary condition　72
境界値問題
　boundary value problem　22

【く】
グリーン関数
　Green's function　78

【こ】
後退差分
　backward difference　95
後退代入
　backward substitution　85
勾配
　gradient　41
固有値問題
　eigenvalue problem　90
固有ベクトル
　eigenvector　39

【さ】
座標変換
　coordinate transformation　14
差分
　finite difference　50

【し】
実数
　real number　110
写像（作用素を使った――）
　mapping　14
縮約
　contraction　36
主成分
　principal component　33
常微分方程式
　ordinary differential equation　62
初期条件
　initial condition　50
初期値問題
　initial value problem　50

【す】
数値積分
　numerical integration　97
数値微分
　numerical differentiation　95

【せ】
摂動展開
　perturbation expansion　126
漸近展開
　asymptotic expansion　124
線形
　linear　53

線形空間
　linear space　5, 8, 31
線形作用素
　linear operator　14, 23
前進差分
　forward difference　95
前進消去
　forward elimination　85

【そ】
相関係数
　correlation coefficient　135

【た】
対角マトリクス
　diagonal matrix　67
台形公式
　Trapezoidal rule　98
単位ベクトル
　unit vector　9

【ち】
中心差分
　central difference　96
直交性
　orthogonality　12

【て】
テイラー展開
　Taylor expansion　56, 95
テンソル
　tensor　29
テンソル積
　tensor product　32
転置
　transpose　9

索引

【と】

特異摂動
  singular perturbation   128

【な】

内積
  inner product   21

【は】

発散
  divergence   42
反復法
  iterative method   83

【ひ】

非線形
  nonlinear   53
微分作用素
  differential operator   23
微分方程式
  differential equation   49
ピボット
  pivot   85

【ふ】

フーリエ級数展開
  Fourier series expansion   17
複素数
  complex number   110
分岐
  bifurcation   115

【へ】

べき乗法
  power method   91
ベクトル
  vector   4
変数分離
  separation of variables   122

【ほ】

偏微分
  partial differential   42
偏微分方程式
  partial differential equation   71

【ま】

前処理
  preconditioning   89
マトリクス方程式
  matrix equation   83

【り】

離散化
  discretization   62

【れ】

連続体力学
  continuum mechanics   29

―― 著者略歴 ――

堀　宗朗（ほり　むねお）
1984 年　東京大学工学部土木工学科卒業
1985 年　ノースウエスタン大学大学院土木
　　　　　工学科修士課程修了
1987 年　カリフォルニア大学サンディエゴ校
　　　　　応用力学基礎工学科博士課程修了
　　　　　Ph.D.（Applied Mechanics）
1990 年　東北大学講師
1992 年　東京大学助教授
2001 年　東京大学教授
　　　　　現在に至る

市村　強（いちむら　つよし）
1998 年　東京大学工学部土木工学科卒業
1999 年　東京大学大学院工学系研究科修士
　　　　　課程修了（社会基盤工学専攻）
2001 年　東京大学大学院工学系研究科博士
　　　　　課程修了（社会基盤工学専攻）
　　　　　博士（工学）
2001 年　東北大学助手
2005 年　東京工業大学助教授
2009 年　東京大学准教授
　　　　　現在に至る

土木・環境系の数学
―数学の基礎から計算・情報への応用―
Introduction to Mathematics of Civil and Environmental Engineering
ⓒ Muneo Hori, Tsuyoshi Ichimura 2012

2012 年 9 月 3 日　初版第 1 刷発行

検印省略	著　者	堀　　　宗　　朗
		市　　村　　　強
	発行者	株式会社　コロナ社
	代表者　牛来真也	
	印刷所	三美印刷株式会社

112-0011　東京都文京区千石 4-46-10
発行所　株式会社　コロナ社
CORONA PUBLISHING CO., LTD.
Tokyo Japan
振替 00140-8-14844・電話(03)3941-3131(代)
ホームページ http://www.coronasha.co.jp

ISBN 978-4-339-05602-0　（中原）　（製本：愛千製本所）G
Printed in Japan

本書のコピー，スキャン，デジタル化等の
無断複製・転載は著作権法上での例外を除
き禁じられております。購入者以外の第三
者による本書の電子データ化及び電子書籍
化は，いかなる場合も認めておりません。

落丁・乱丁本はお取替えいたします

土木・環境系コアテキストシリーズ

(各巻A5判)

■編集委員長　日下部　治
■編 集 委 員　小林　潔司・道奥　康治・山本　和夫・依田　照彦

共通・基礎科目分野

配本順			頁	定価
A-1	(第9回)	土木・環境系の力学　斉木　功著	208	2730円
A-2	(第10回)	土木・環境系の数学　堀　宗朗／市村　強共著 — 数学の基礎から計算・情報への応用 —	188	2520円
A-3		土木・環境系の国際人英語　井合　進／Scott Steedman共著		
A-4		土木・環境系の技術者倫理　藤原　章正／木村　定雄共著		

土木材料・構造工学分野

			頁	定価
B-1	(第3回)	構　造　力　学　野村　卓史著	240	3150円
B-2		土　木　材　料　学　中村　聖三／奥松　俊博共著		
B-3	(第7回)	コンクリート構造学　宇治　公隆著	240	3150円
B-4	(第4回)	鋼　構　造　学　舘石　和雄著	240	3150円
B-5		構　造　設　計　論　佐藤　尚次／香月　智共著		

地盤工学分野

			頁	定価
C-1		応　用　地　質　学　谷　和夫著		
C-2	(第6回)	地　盤　力　学　中野　正樹著	192	2520円
C-3	(第2回)	地　盤　工　学　髙橋　章浩著	222	2940円
C-4		環境地盤工学　勝見　武著		

配本順			頁	定価

水工・水理学分野

D-1	水理学	竹原幸生著		近刊
D-2 (第5回)	水文学	風間　聡著	176	2310円
D-3	河川工学	竹林洋史著		
D-4	沿岸域工学	川崎浩司著		

土木計画学・交通工学分野

E-1	土木計画学	奥村　誠著		
E-2	都市・地域計画学	谷下雅義著		
E-3	交通計画学	金子雄一郎著		近刊
E-4	景観工学	川﨑雅史・久保田善明共著		
E-5	空間情報学	須﨑純一・畑山満則共著		
E-6 (第1回)	プロジェクトマネジメント	大津宏康著	186	2520円
E-7	公共経済学	石倉智樹・横松宗太共著		

環境システム分野

F-1	水環境工学	長岡　裕著		
F-2 (第8回)	大気環境工学	川上智規著	188	2520円
F-3	環境生態学	西村　修・山田一裕共著		
F-4	廃棄物管理学	島岡隆行著		
F-5	環境法政策学	織　朱實著		

定価は本体価格+税5％です。
定価は変更されることがありますのでご了承下さい。

図書目録進呈◆

土木系 大学講義シリーズ

(各巻A5判，欠番は品切です)

■編集委員長　伊藤　學
■編集委員　青木徹彦・今井五郎・内山久雄・西谷隆亘
　　　　　　榛沢芳雄・茂庭竹生・山崎　淳

配本順			頁	定価
2.（4回）	土木応用数学	北田　俊行著	236	2835円
3.（27回）	測量学	内山　久雄著	206	2835円
4.（21回）	地盤地質学	今井・福江 共著 足立	186	2625円
5.（3回）	構造力学	青木　徹彦著	340	3465円
6.（6回）	水理学	鮏川　登著	256	3045円
7.（23回）	土質力学	日下部　治著	280	3465円
8.（19回）	土木材料学（改訂版）	三浦　尚著	224	2940円
9.（13回）	土木計画学	川北・榛沢編著	256	3150円
11.（28回）	改訂 鋼構造学（増補）	伊藤　學著	258	3360円
13.（7回）	海岸工学	服部　昌太郎著	244	2625円
14.（25回）	改訂 上下水道工学	茂庭　竹生著	240	3045円
15.（11回）	地盤工学	海野・垂水編著	250	2940円
16.（12回）	交通工学	大蔵　泉著	254	3150円
17.（26回）	都市計画（三訂版）	新谷・高橋 共著 岸井	190	2730円
18.（24回）	新版 橋梁工学（増補）	泉・近藤共著	324	3990円
20.（9回）	エネルギー施設工学	狩野・石井共著	164	1890円
21.（15回）	建設マネジメント	馬場　敬三著	230	2940円
22.（22回）	応用振動学	山田・米田共著	202	2835円

以下続刊

10.　コンクリート構造学　山崎　淳著　　12.　河川工学　西谷　隆亘著
19.　水環境システム　大垣真一郎 他著

定価は本体価格+税5％です。
定価は変更されることがありますのでご了承下さい。

図書目録進呈◆

環境・都市システム系教科書シリーズ

(各巻A5判, 14.のみB5判)

■編集委員長　澤　孝平
■幹　　　事　角田　忍
■編集委員　　荻野　弘・奥村充司・川合　茂
　　　　　　嵯峨　晃・西澤辰男

配本順			著者	頁	定価
1.	(16回)	シビルエンジニアリングの第一歩	澤　孝平・嵯峨　晃 川合　茂・角田　忍 荻野　弘・奥村充司 共著 西澤辰男	176	2415円
2.	(1回)	コンクリート構造	角田　　忍 竹村　和夫 共著	186	2310円
3.	(2回)	土　質　工　学	赤木知之・吉村優治 上　俊二・小堀慈久 共著 伊東　孝	238	2940円
4.	(3回)	構　造　力　学　Ⅰ	嵯峨　晃・武田八郎 原　隆・勇　秀憲 共著	244	3150円
5.	(7回)	構　造　力　学　Ⅱ	嵯峨　晃・武田八郎 原　隆・勇　秀憲 共著	192	2415円
6.	(4回)	河　川　工　学	川合　茂・和田　清 神田佳一・鈴木正人 共著	208	2625円
7.	(5回)	水　　理　　学	日下部重幸・檀　和秀 湯城豊勝 共著	200	2730円
8.	(6回)	建　設　材　料	中嶋清実・角田　忍 菅原　隆 共著	190	2415円
9.	(8回)	海　岸　工　学	平山秀夫・辻本剛三 島田富美男・本田尚正 共著	204	2625円
10.	(9回)	施　工　管　理　学	友　久　誠　司 竹　下　治　之 共著	240	3045円
11.	(10回)	測　量　学　Ⅰ	堤　　　　　隆 著	182	2415円
12.	(12回)	測　量　学　Ⅱ	岡林　巧・堤　隆 山田貴浩 共著	214	2940円
13.	(11回)	景観デザイン ―総合的な空間のデザインをめざして―	市坪　誠・小川総一郎 谷平　考・砂本文彦 共著 溝上裕二	222	3045円
14.	(13回)	情　報　処　理　入　門	西澤辰男・長岡健一 廣瀬康之・豊田　剛 共著	168	2730円
15.	(14回)	鋼　構　造　学	原　隆・山口隆司 北原武嗣・和多田康男 共著	224	2940円
16.	(15回)	都　市　計　画	平田登基男・亀野辰三 宮腰和弘・武井幸久 共著 内田一平	204	2625円
17.	(17回)	環　境　衛　生　工　学	奥村　充　司 大久保孝樹 共著	238	3150円
18.	(18回)	交通システム工学	大橋健一・柳澤吉保 高岸節夫・佐々木恵一 日野　智・折田仁典 共著 宮腰和弘・西澤辰男	224	2940円

以下続刊

防　災　工　学　　渕田・塩野・檀・疋田・吉村 共著　　環境保全工学　和田・奥村共著
建設システム計画　荻野・大橋・野田・西澤・鈴木 共著

定価は本体価格+税5％です。
定価は変更されることがありますのでご了承下さい。

図書目録進呈◆

地球環境のための技術としくみシリーズ

(各巻A5判)

コロナ社創立75周年記念出版 〔創立1927年〕

■編集委員長　松井三郎
■編集委員　小林正美・松岡 譲・盛岡 通・森澤眞輔

配本順			頁	定価
1. (1回)	今なぜ地球環境なのか　松井三郎編著 松下和夫・中村正久・高橋一生・青山俊介・嘉田良平 共著		230	3360円
2. (6回)	生活水資源の循環技術　森澤眞輔編著 松井三郎・細井由彦・伊藤禎彦・花木啓祐 荒巻俊也・国包章一・山村尊房　共著		304	4410円
3. (3回)	地球水資源の管理技術　森澤眞輔編著 松岡 譲・高橋 潔・津野 洋・古城方和 楠田哲也・三村信男・池淵周一　共著		292	4200円
4. (2回)	土壌圏の管理技術　森澤眞輔編著 米田 稔・平田健正・村上雅博 共著		240	3570円
5.	資源循環型社会の技術システム　盛岡 通編著 河村清史・吉田 登・藤田 壮・花嶋正孝 宮脇健太郎・後藤敏彦・東海明宏　共著			
6. (7回)	エネルギーと環境の技術開発　松岡 譲編著 森 俊介・槌屋治紀・藤井康正 共著		262	3780円
7.	大気環境の技術とその展開　松岡 譲編著 森口祐一・島田幸司・牧野尚夫・白井裕三・甲斐沼美紀子 共著			
8. (4回)	木造都市の設計技術 小林正美・竹内典之・高橋康夫・山岸常人 外山 義・井上由起子・菅野正広・鉾井修一 共著 吉田治典・鈴木祥之・渡邉史夫・高松 伸		282	4200円
9.	環境調和型交通の技術システム　盛岡 通編著 新田保次・鹿島 茂・岩井信夫・中川 大 細川恭史・林 良嗣・花岡伸也・青山吉隆　共著			
10.	都市の環境計画の技術としくみ　盛岡 通編著 神吉紀世子・室崎益輝・藤田 壮・島谷幸宏 福井弘道・野村康彦・世古一穂　共著			
11. (5回)	地球環境保全の法としくみ　松井三郎編著 岩間 徹・浅野直人・川勝健志・植田和弘 倉阪秀史・岡島成行・平野 喬　共著		330	4620円

定価は本体価格+税5％です。
定価は変更されることがありますのでご了承下さい。

図書目録進呈◆